工业和信息化
数字媒体应用人才培养精品教材

Premiere
视频编辑项目教程

Premiere Pro 2020 微课版

赵杰 林军 邓惠俊／主编

张小吉 成国力 李玲玲／副主编

人民邮电出版社

北 京

图书在版编目（CIP）数据

Premiere 视频编辑项目教程：Premiere Pro 2020：微课版 / 赵杰，林军，邓惠俊主编. -- 北京 : 人民邮电出版社，2025. --（工业和信息化数字媒体应用人才培养精品教材）. -- ISBN 978-7-115-67024-3

Ⅰ. TP317.53

中国国家版本馆 CIP 数据核字第 20252W8993 号

内 容 提 要

本书以 Premiere Pro 2020 在影视编辑领域的应用为主线，采用项目教学的方式，介绍 Premiere Pro 2020 的基本操作，如何使用 Premiere Pro 制作宣传片、电子相册、短视频、产品广告、节目片头、节目包装等内容。

通过各项目的实际操作，学生可以快速熟悉软件功能和设计思路。书中的软件功能解析部分使学生能够深入了解软件功能；综合实训项目可以提升学生的实际应用能力；课后实战演练能够辅助检验学习的成效。

本书适合作为高等院校计算机应用技术专业、多媒体设计与制作专业、平面广告设计专业等与数字媒体技术相关的专业教材，也可以作为视频编辑爱好者的参考书。

- ◆ 主　　编　赵　杰　林　军　邓惠俊
　　副 主 编　张小吉　成国力　李玲玲
　　责任编辑　徐金鹏
　　责任印制　王　郁　焦志炜
- ◆ 人民邮电出版社出版发行　　北京市丰台区成寿寺路 11 号
　　邮编　100164　电子邮件　315@ptpress.com.cn
　　网址　https://www.ptpress.com.cn
　　北京市艺辉印刷有限公司印刷
- ◆ 开本：787×1092　1/16
　　印张：11.75　　　　　　　2025 年 6 月第 1 版
　　字数：297 千字　　　　　　2025 年 6 月北京第 1 次印刷

定价：49.80 元

读者服务热线：(010)81055256　印装质量热线：(010)81055316
反盗版热线：(010)81055315

前言

　　Premiere 是由 Adobe 公司开发的影视编辑软件。它功能强大、易学易用，深受广大影视制作爱好者和影视后期编辑人员的喜爱，已经成为影视编辑领域最流行的软件之一。目前计算机应用技术专业、多媒体设计与制作专业、平面设计专业等与计算机设计相关的专业，很多都开设了 Premiere 课程。实际授课过程中，授课教师苦于寻找软件的实际应用案例，案例不足使授课质量受到影响，学生只能掌握简单的软件操作，而实际应用能力不强，满足不了岗位的实际需求。针对这一实际情况，编者在多年实践经验的基础上，编写了这本项目教程。本书引用大量的实际案例，不仅讲解软件的使用技巧，而且重点培养学生实际操作技能，为今后就业打下基础。

　　本书全面贯彻党的二十大精神，以社会主义核心价值观为引领，传承中华优秀传统文化，坚定文化自信，使书中内容更好地体现时代性、把握规律性、富于创造性。

　　本书采用项目教学的方法编写，项目二至项目七按照操作详解→综合实训项目练习→课后实战演练的顺序编写，通过制作宣传片、制作电子相册、制作短视频、制作产品广告、制作节目片头、制作节目包装 6 个项目的步骤讲解，引导学生对软件知识的学习。在详细介绍项目制作要用到的操作步骤后，本书还设计了综合实训项目，将前面讲到的知识点和操作进行了融合，以提升学生的迁移与运用能力。项目最后安排 2 个课后实战演练，使学生对学习的成效进行检验。

　　本书配套丰富的教学辅助资源，教师可以登录人邮教育社区（https://www.ryjiaoyu.com）下载资源。

　　本课程的教学课时数为 60 学时，各项目的参考教学课时见下表。

前言

项　目	课 程 内 容	课时分配	
		讲　授	实　训
项目一	初识 Premiere Pro 2020	6	
项目二	制作宣传片	4	4
项目三	制作电子相册	4	4
项目四	制作短视频	4	4
项目五	制作产品广告	4	6
项目六	制作节目片头	4	6
项目七	制作节目包装	4	6
课 时 总 计		30	30

由于编者水平有限，书中难免存在不妥之处，敬请广大读者指正。

编　者

2024 年 12 月

目 录

目 录

01

项目一
初识 Premiere Pro 2020

本项目对 Premiere Pro 2020 的操作界面、基本操作和输出设置进行详细讲解。通过对本项目的学习，读者可以快速地了解并掌握 Premiere Pro 2020 的入门知识，为后续项目的学习打下坚实的基础。

知识目标

- 熟悉软件的操作界面。
- 熟练掌握 Premiere Pro 2020 的基本操作。
- 掌握 Premiere Pro 2020 的输出设置。

技能目标

- 掌握"界面操作"的方法。
- 掌握"文件操作"的方法。
- 掌握"输出设置"的方法。

素养目标

- 培养对 Premiere Pro 2020 操作界面的信息获取能力。
- 提升对视频编辑概念和术语的理解能力。
- 培养对视频编辑流程的迁移和应用能力。

任务一　操作界面

对初学者来说，在启动 Premiere Pro 2020 后，面对工作窗口或面板可能会感到束手无策。本任务对 Premiere Pro 2020 的操作界面、"项目"面板、"时间轴"面板、监视器窗口和其他面板及菜单命令进行详细讲解。

1.1.1　认识操作界面

Premiere Pro 2020 的操作界面如图 1-1 所示。从图中可以看出，Premiere Pro 2020 的操作界面由标题栏、菜单栏、"效果"面板、"时间轴"面板、"工具"面板、预设工作区、监视器窗口、"项目"面板等组成。

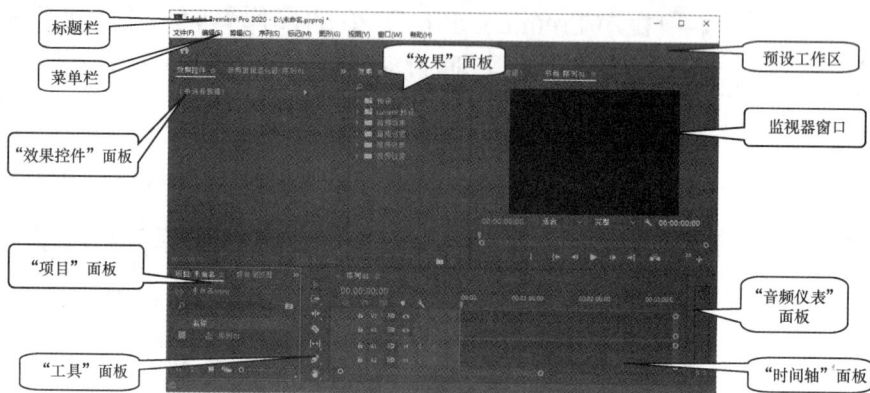

图 1-1

1.1.2　熟悉"项目"面板

"项目"面板主要用于输入、组织和存放供"时间轴"面板编辑合成的原始素材，如图 1-2 所示。该面板主要由搜索栏、素材预览区和面板工具栏 3 部分组成。

图 1-2

在素材预览区，用户可预览选中的原始素材，同时还可查看素材的基本属性，如素材的名称、媒体格式、类型、文件和图像大小等。

在"项目"面板下方的工具栏中共有 11 个功能按钮，从左至右分别为"项目可写"按钮 🔓 /"项目只读"按钮 🔒、"列表视图"按钮 ▤、"图标视图"按钮 ▣、"自由变换视图"按钮 ▦、"调整图标和缩览图的大小"滑动条 ⬤▬▬、"排序图标"按钮 ▤▾、"自动匹配序列"按钮 ▦、"查找"按钮 🔍、"新建素材箱"按钮 ▢、"新建项"按钮 ▤ 和"清除"按钮 🗑。各按钮的含义如下。

"项目可写"按钮 🔓/"项目只读"按钮 🔒：单击此按钮，可以将"项目"面板更改为可写或只读模式。

"列表视图"按钮 ☰：单击此按钮，可以将"项目"面板中的素材以列表形式显示。

"图标视图"按钮 ▦：单击此按钮，可以将"项目"面板中的素材以图标形式显示。

"自由变换视图"按钮 ▦：单击此按钮，可以将"项目"面板中的素材以自由变换视图的形式显示。

"调整图标和缩览图的大小"滑动条 ⬤▬▬：拖曳滑动条上的滑块可以将"项目"面板中的图标和缩览图放大或缩小。

"排序图标"按钮 ▤▾：在图标视图状态下，可以根据不同的方式对项目素材排序。

"自动匹配序列"按钮 ▦：单击此按钮，可以将素材自动添加到"时间轴"面板的现有序列中。

"查找"按钮 🔍：单击此按钮，可以按照提示快速查找素材。

"新建素材箱"按钮 ▢：单击此按钮，可以新建素材箱以便管理素材。

"新建项"按钮 ▤：单击此按钮，弹出命令菜单，可以在菜单中选择要创建的新素材文件的类型。

"清除"按钮 🗑：选中不需要的文件，单击此按钮，即可将其删除。

1.1.3　认识"时间轴"面板

"时间轴"面板是 Premiere Pro 2020 的核心部分之一。在编辑影片的过程中，大部分工作都是在"时间轴"面板中完成的。通过"时间轴"面板，用户可以轻松地对素材进行剪辑、插入、复制、粘贴、修整等操作，"时间轴"面板如图 1-3 所示。

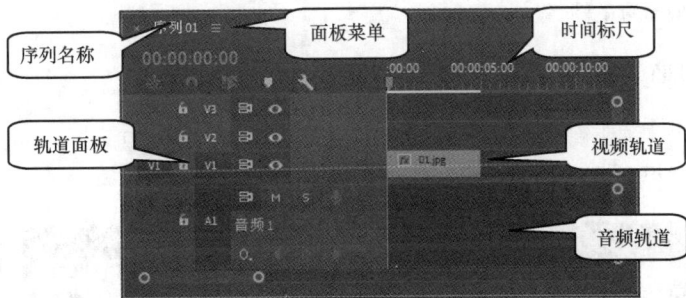

图 1-3

"时间轴"面板中有很多按钮和设置，它们的作用有所不同。

"将序列作为嵌套或个别剪辑插入并覆盖"按钮 ▦：单击此按钮，可以将序列作为一个嵌套或拆分成单个剪辑文件插入"时间轴"面板中的空轨道中或覆盖轨道中的素材文件。

"对齐"按钮 🧲：单击此按钮可以启动吸附功能，在"时间轴"面板中拖动素材时，素材将自动贴合到邻近素材的边缘。

"链接选择项"按钮 🔗：单击此按钮，可以链接所有开放序列。

"添加标记"按钮 🏷：单击此按钮，可以在当前帧的位置上设置标记。

"时间轴显示设置"按钮 🔧：单击此按钮，可以设置"时间轴"面板的显示选项。

"切换轨道锁定"按钮 🔓/🔒：默认为 🔓 按钮，可以编辑该轨道；单击此按钮，原按钮变成 🔒 按钮，当前的轨道被锁定，不能编辑该轨道。

"切换同步锁定"按钮 ：默认为启用状态，当进行插入、波纹删除或波纹剪辑操作时，编辑点右侧的内容会相应发生移动。

"切换轨道输出"按钮 ：单击此按钮，可以设置该轨道上的素材是否在监视器窗口显示。

"静音轨道"按钮 ：单击此按钮，可以使轨道静音，再次单击则可以正常播放声音。

"独奏轨道"按钮 ：单击此按钮，只播放该轨道的声音，其他轨道静音。

"画外音录制"按钮 ：单击此按钮，可以将画外音直接录制到此音频轨道中。

"折叠-展开轨道"：双击"画外音录制"按钮右侧的空白区域，或滚动鼠标滑轮，可以隐藏或展开视频轨道工具栏和音频轨道工具栏。

"显示关键帧"按钮 ：单击此按钮，可以选择显示当前关键帧的方式。

"转到下一关键帧"按钮 ：单击此按钮，将时间标尺定位至被选素材的下一个关键帧上。

"添加-移除关键帧"按钮 ：单击此按钮，在时间标尺所处的位置添加或移除关键帧。

"转到前一关键帧"按钮 ：单击此按钮，将时间标尺定位至被选素材的上一个关键帧上。

滑块 ：滑动滑块，可以放大或缩小轨道中素材的显示比例。

时间码 00:00:00:00 ：用于显示影片的播放进度。

序列名称：单击相应的标签可以在不同的序列间相互切换。

轨道面板：可以对轨道的参数进行设置。

时间标尺：用于对剪辑进行时间定位。

面板菜单：对时间单位及剪辑参数等进行设置。

视频轨道：存放视频的轨道。

音频轨道：存放音频的轨道。

1.1.4　认识监视器窗口

监视器窗口分为"源监视器"窗口和"节目监视器"窗口，分别如图 1-4 和图 1-5 所示，所有编辑或未编辑的素材都可以在这 2 个监视器窗口中显示效果。

图1-4

图1-5

"源监视器"窗口和"节目监视器"窗口中的按钮的功能如下所述。

"添加标记"按钮 ：单击此按钮，为素材添加编号标记。

"标记入点"按钮 ：单击此按钮，设置素材当前位置为起始点。

"标记出点"按钮 ▐ ：单击此按钮，设置素材当前位置为结束点。

"转到入点"按钮 ▐◀ ：单击此按钮，可将时间标签 ▊ 移到素材起始点的位置。

"后退一帧（左侧）"按钮 ◀▌ ：此按钮是对素材进行逐帧倒播的控制按钮，每单击一次该按钮，播放就会后退 1 帧。按住 Shift 键的同时单击此按钮，每次后退 5 帧。

"播放–停止切换"按钮 ▶ / ■ ：单击此按钮，素材会从监视器窗口中时间标签 ▊ 的当前位置开始播放，再单击一次，停止播放；在"节目监视器"窗口中，按 J 键可以进行倒播。

"前进一帧（右侧）"按钮 ▐▶ ：此按钮是对素材进行逐帧播放的控制按钮。每单击一次该按钮，播放就会前进 1 帧。按住 Shift 键的同时单击此按钮，每次前进 5 帧。

"转到出点"按钮 ▶▌ ：单击此按钮，可将时间标签 ▊ 移到素材结束点的位置。

"插入"按钮 🔳 ：单击此按钮，当插入一段素材时，原素材与新素材重叠的片段将后移。

"覆盖"按钮 🔳 ：单击此按钮，当插入一段素材时，原素材与新素材重叠的片段将被新素材覆盖。

"提升"按钮 🔳 ：单击此按钮，将轨道上入点与出点之间的内容删除，删除之后入点和出点依旧保持之前的间隔。

"提取"按钮 🔳 ：单击此按钮，将轨道上入点与出点之间的内容删除，删除之后出点后面的素材会自动连接入点前面的素材。

"导出帧"按钮 📷 ：单击此按钮，可导出当前帧的画面。

"比较视图"按钮 🔳 ：单击此按钮，可以选择"并排""垂直拆分""水平拆分"视图模式观看素材。

分别单击"源监视器"窗口和"节目监视器"窗口右下方的"按钮编辑器"按钮 ➕ ，弹出图 1-6 和图 1-7 所示的面板。面板中包含一些功能按钮，这些按钮的功能如下所述。

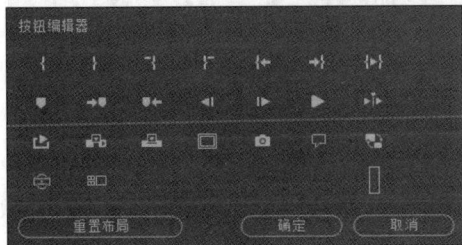

图1-6

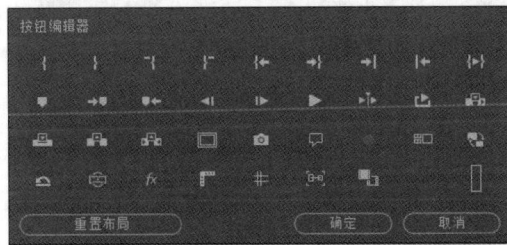

图1-7

"清除入点"按钮 ▔ ：单击此按钮，清除设置的入点。

"清除出点"按钮 ▕ ：单击此按钮，清除设置的出点。

"从入点到出点播放视频"按钮 ◀▶ ：单击此按钮，在播放素材时，只在设置的入点与出点之间进行播放。

"转到下一标记"按钮 ▶▌ ：单击此按钮，将时间标签移动到当前位置的下一个标记处。

"转到上一标记"按钮 ▌◀ ：单击此按钮，将时间标签移动到当前位置的前一个标记处。

"播放邻近区域"按钮 ▶▌ ：单击此按钮，播放时间标签 ▊ 当前位置前后相邻区域的内容。

"循环"按钮 🔁 ：单击此按钮，监视器窗口中会不断循环播放素材。

"安全边距"按钮 ▢ ：单击此按钮，为影片设置安全边界线，以防影片画面太大使播放不完整，再次单击可隐藏安全边界线。

"隐藏字幕显示"按钮 ▭ ：单击此按钮，可以隐藏字幕显示效果。

"切换代理"按钮 ▣ ：单击此按钮，可以在本机格式和代理格式之间切换。

"切换 VR 视频显示"按钮 ▣ ：单击此按钮，可以快速切换到 VR 视频显示。

"切换多机位视图"按钮 ▣ ：单击此按钮，可以打开或关闭多机位视图。

"转到下一个编辑点"按钮 ▸| ：单击此按钮，可以跳转到同一轨道上当前编辑点的后一个编辑点。

"转到上一个编辑点"按钮 |◂ ：单击此按钮，可以跳转到同一轨道上当前编辑点的前一个编辑点。

"多机位录制开/关"按钮 ● ：单击此按钮，可以控制多机位录制的开或关。

"还原裁剪对话"按钮 ▣ ：单击此按钮，可以还原裁剪的对话。

"全局 FX 静音"按钮 fx ：单击此按钮，可以打开或关闭所有视频效果。

"显示标尺"按钮 ▛ ：单击此按钮，可以打开或关闭标尺。

"显示参考线"按钮 # ：单击此按钮，可以打开或关闭参考线的显示。

"在节目监视器中对齐"按钮 ▣ ：单击此按钮，可以在"节目监视器"窗口中将图形对齐。

可以直接将面板中需要的按钮拖曳到"节目监视器"窗口下面的显示框中，如图 1-8 所示，松开鼠标，按钮将被添加到显示框中，如图 1-9 所示。单击"确定"按钮添加完成，如图 1-10 所示。可以用相同的方法添加多个按钮，如图 1-11 所示。

图 1-8

图 1-9

图 1-10

图 1-11

若要恢复默认的布局，再次单击面板右下方的"按钮编辑器"按钮 ➕ ，在弹出的面板中选择"重置布局"按钮，再单击"确定"按钮，即可恢复默认布局。

1.1.5 其他功能面板概述

除了以上介绍的面板和窗口，Premiere Pro 2020 还提供了其他一些方便编辑操作的功能面板，下面逐一进行介绍。

1. "效果"面板

"效果"面板存放着 Premiere Pro 2020 自带的各种预设、音频效果和视频效果。这些效果按照功能分为 6 大类，包括预设、Lumetri 预设、音频效果、音频过渡、视频效果及视频过渡，每一大类又按照效果细分为很多小类，如图 1-12 所示。用户安装的第三方效果插件也将出现在该面板的相应类别文件夹中。

2. "效果控件"面板

"效果控件"面板主要用于控制对象的运动、不透明度、过渡及效果等设置，如图 1-13 所示。

3. "音轨混合器"面板

"音轨混合器"面板可以有效地调节素材的音频，实时混合各轨道的音频对象，如图 1-14 所示。

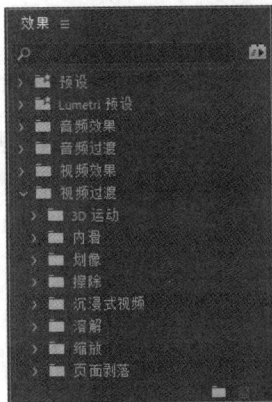

图 1-12

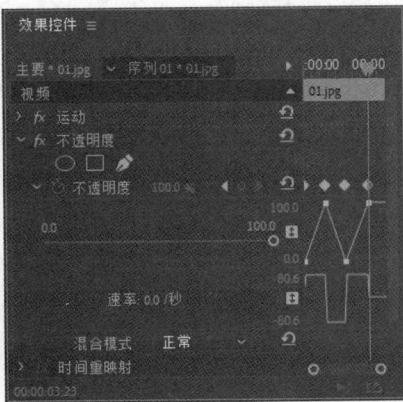

图 1-13

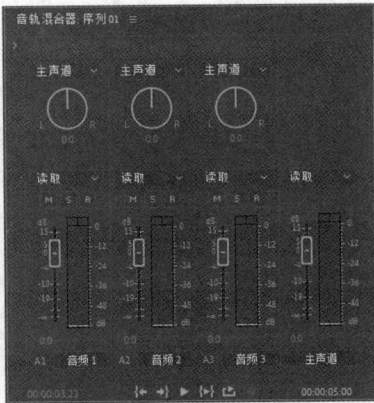

图 1-14

4. "工具"面板

"工具"面板中包含一系列工具，这些工具主要用来对"时间轴"面板轨道中的音频、视频等内容进行编辑，如图 1-15 所示。

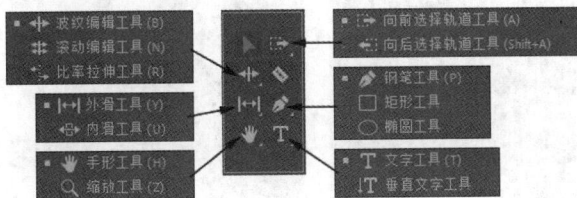

图 1-15

任务二　基本操作

本任务将详细介绍对项目文件的基本操作（如新建项目文件、打开项目文件）以及对素材的基本操作（如素材的导入、移动、删除、对齐等）。这些基本操作对于后期的视频制作至关重要。

1.2.1 对项目文件的操作

在使用 Premiere Pro 2020 进行视频编辑前，首先要创建新的项目文件或打开现有的项目文件，这是使用 Premiere Pro 2020 进行创作的最基本的操作之一。

1. 新建项目文件

（1）选择"开始>所有程序>Adobe Premiere Pro 2020"命令，或双击桌面上的 Adobe Premiere Pro 2020 快捷方式图标，打开软件。

（2）选择"文件>新建>项目"命令，或按 Ctrl+Alt+N 组合键，弹出"新建项目"对话框，如图 1-16 所示。在"名称"选项的文本框中设置项目名称。单击"位置"选项右侧的 浏览 按钮，在弹出的"请选择新项目的目标路径。"对话框中选择项目文件的保存路径。在"常规"选项卡中设置视频渲染和回放、视频和音频的显示格式及捕捉格式等；在"暂存盘"选项卡中设置捕捉的视频、视频预览、音频预览、项目自动保存等的暂存路径；在"收录设置"选项卡中设置收录选项。设置完成后，单击"确定"按钮，即可创建一个新的项目文件。

（3）选择"文件>新建>序列"命令，或按 Ctrl+N 组合键，弹出"新建序列"对话框，如图 1-17 所示。在"序列预设"选项卡中选择序列格式，如"DV-PAL"制式下的"标准 48kHz"；格式在右侧的"预设描述"区域中将列出相应的预设序列信息；在"设置"选项卡中可以设置编辑模式、时基、视频帧大小、像素长宽比、音频采样率等信息；在"轨道"选项卡中可以设置视频轨道和音频轨道的相关信息；在"VR 视频"选项卡中可以设置 VR 属性。设置完成后，单击"确定"按钮，即可创建一个新的序列。

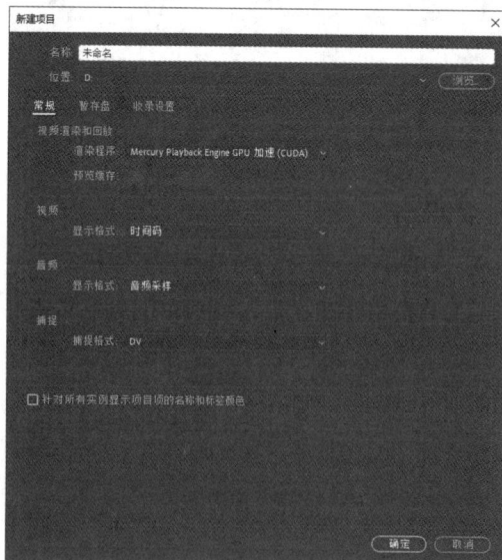

图 1-16

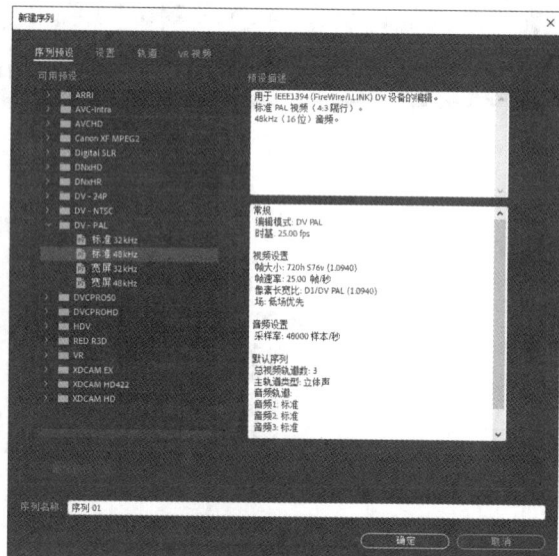

图 1-17

2. 打开项目文件

选择"文件>打开项目"命令，或按 Ctrl+O 组合键，在弹出的"打开项目"对话框中选择需要打开的项目文件，如图 1-18 所示，单击"打开"按钮，即可打开已选择的项目文件。

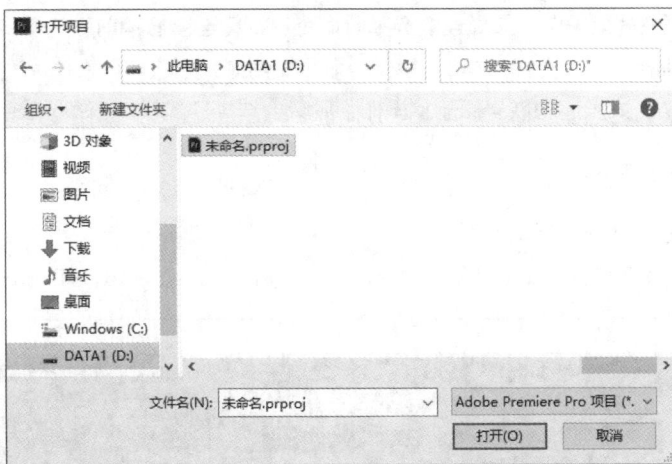

图 1-18

如果想打开最近使用过的项目文件，则选择"文件>打开最近使用的内容"命令，在其子菜单中选择需要打开的项目文件即可，如图 1-19 所示。

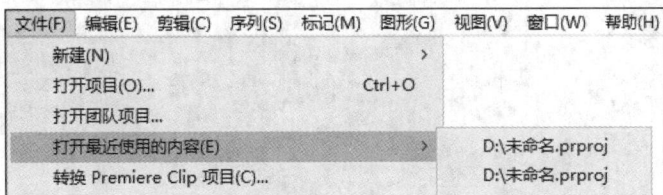

图 1-19

3. 保存项目文件

新建项目时，系统会提示用户先设置参数，然后进行保存。对于编辑过的项目，选择"文件>保存"命令或按 Ctrl+S 组合键，即可直接保存。另外，系统还会隔一段时间自动保存一次项目。

选择"文件>另存为"命令（或按 Ctrl+Shift+S 组合键），或者选择"文件 > 保存副本"命令（或按 Ctrl+Alt+S 组合键），弹出"保存项目"对话框，设置完成后，单击"保存"按钮，可以保存项目文件的副本。

4. 关闭项目文件

选择"文件>关闭项目"命令，即可关闭当前项目文件。如果对当前文件作了修改却尚未保存，系统将会弹出如图 1-20 所示的提示对话框，询问是否要保存对该项目文件所做的修改。单击"是"按钮，保存项目文件；单击"否"按钮，不保存文件并直接退出项目文件；单击"取消"按钮，取消关闭操作。

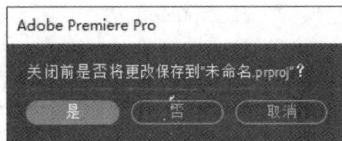

图 1-20

1.2.2 撤销与重做

通常情况下，一个完整的项目需要经过反复地调整、修改与比较才能完成。因此，为了用户能实现更便捷的操作，Premiere Pro 2020 为用户提供了"撤销""重做"命令。

在编辑视频或音频时，如果用户的上一步操作是错误的，或对操作得到的效果不满意，选择"编辑>撤消"命令即可撤销该操作，如果连续选择此命令，则可连续撤销前面的多步操作。

如果要取消撤销操作，可选择"编辑>重做"命令。例如，删除一个素材片段后，又通过"撤消"命令来撤销删除操作，如果还想恢复原删除操作，则只要选择"编辑>重做"命令即可。

1.2.3　自动保存

自动保存设置的具体操作步骤如下。

（1）选择"编辑>首选项>自动保存"命令，弹出"首选项"对话框，如图 1-21 所示。

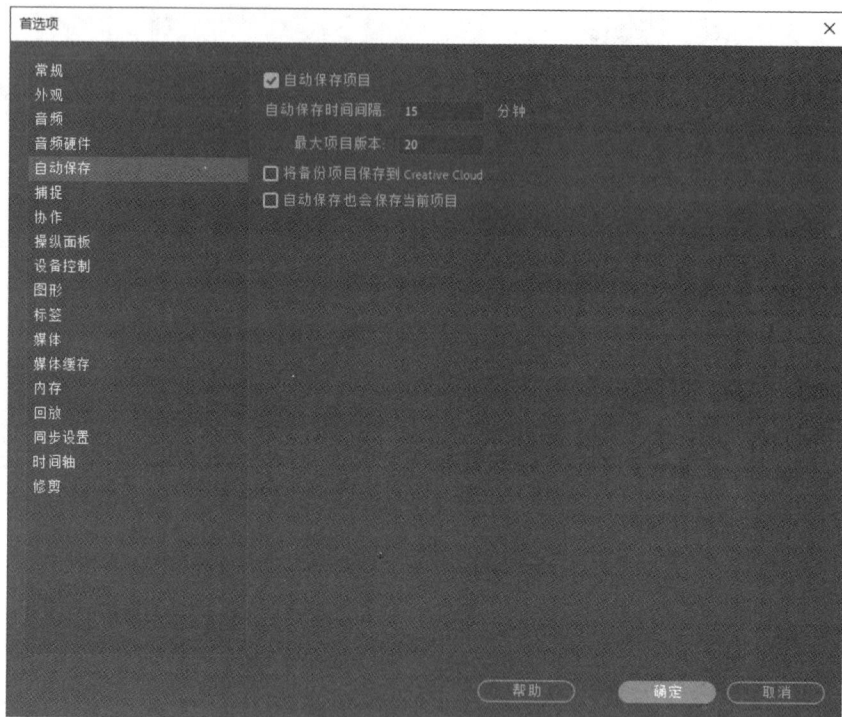

图 1-21

（2）在"首选项"对话框的"自动保存"选项区域中，根据需要设置"自动保存时间间隔""最大项目版本"的数值。如果在"自动保存时间间隔"文本框中输入 20，在"最大项目版本"文本框中输入 5，即表示每隔 20 分自动保存一次，而且只存储最后 5 个时间点自动保存的项目文件。

（3）设置完成后，单击"确定"按钮退出对话框，返回到工作界面。在以后的编辑过程中，系统会按照设置的参数自动保存文件，用户就可以不必担心由于意外而造成工作数据的丢失。

1.2.4　导入素材

Premiere Pro 2020 支持大部分主流的视频、音频及图像文件格式，素材的导入方式为选择"文件 > 导入"命令，在"导入"对话框中选择需要的文件格式和文件即可，如图 1-22 所示。

1. 导入图层文件

导入图层文件的设置方法：选择"文件>导入"命令，在"导入"对话框中选择*.PSD、*.AI 等格式的含有图层的文件，单击"打开"按钮，会弹出如图 1-23 所示的"导入分层文件"对话框。

"导入为"选项：用于设置图层文件导入的方式。可选择"合并所有图层""合并的图层""各个图层""序列"选项。

本例选择"序列"选项，如图 1-24 所示，单击"确定"按钮，在"项目"面板中会自动生成一个文件夹，其中包括序列文件和图层文件，如图 1-25 所示。以序列的方式导入图层文件后，Premiere Pro 2020 会按照图层的排列方式自动产生一个序列。

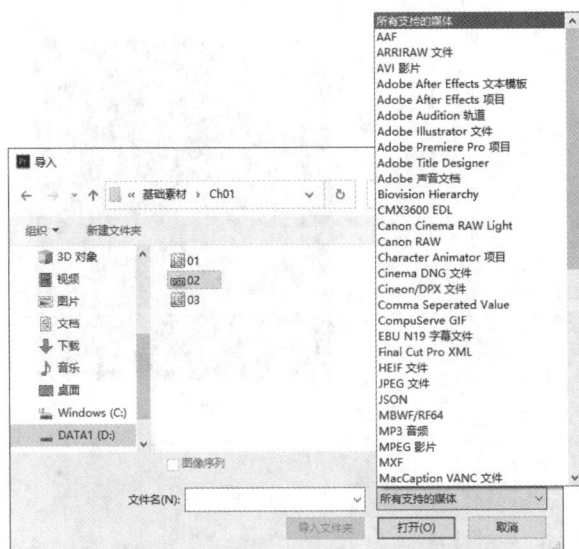

图 1-22

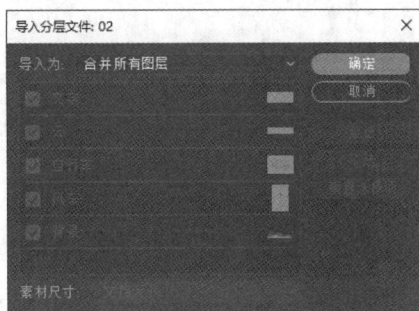

图 1-23

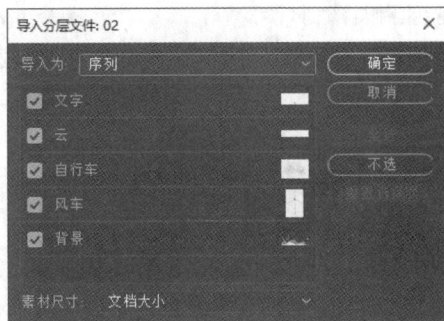

图 1-24

图 1-25

2．导入图像序列文件

图像序列文件以数字序号为序进行排列。当导入图像序列文件时，应在"首选项"对话框中设置图片的帧速率，也可以在导入图像序列文件后，在"解释素材"对话框中改变图像的帧速率。导入图像序列文件的方法如下。

（1）在"项目"面板的空白区域双击，弹出"导入"对话框，找到序列文件所在的位置，勾选"图像序列"复选框，如图 1-26 所示。

（2）单击"打开"按钮，导入素材。图像序列文件导入后的状态如图 1-27 所示。

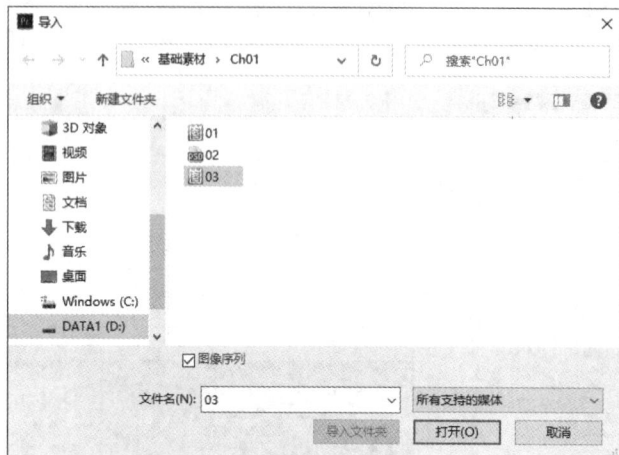

图 1-26

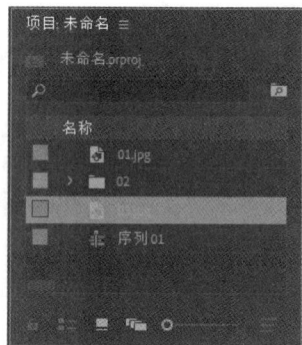

图 1-27

1.2.5　重命名素材

在"项目"面板中的素材上单击鼠标右键，在弹出的快捷菜单中选择"重命名"命令，素材名称会处于可编辑状态，输入新名称即可，如图 1-28 所示。

重命名素材对在一部影片中重复使用同一个素材或复制素材时极其有用，可以避免与原素材产生混淆。

1.2.6　利用素材箱组织素材

可以在"项目"面板建立素材箱（即素材文件夹）来管理素材。使用素材箱，可以将节目中的素材分门别类地组织起来，这在整理包含大量素材的复杂项目时特别有用。

单击"项目"面板下方的"新建素材箱"按钮■，"项目"面板中会自动生成新文件夹，如图 1-29 所示。单击文件夹左侧的 ∨ 按钮，可以折叠文件夹。

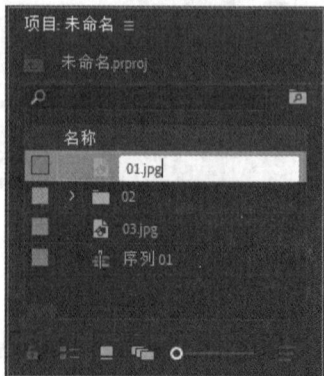

图 1-28

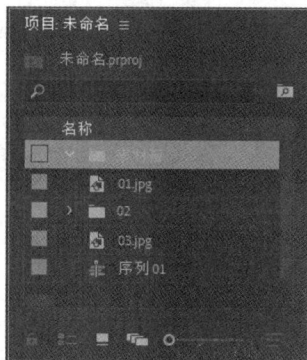

图 1-29

| 任务三 | **输出设置** |

1.3.1 可输出的文件格式

Premiere Pro 2020 可以输出多种文件格式，包括视频格式、音频格式、静态图像格式和序列图像格式等，下面进行详细介绍。

1. 可输出的视频格式

使用 Premiere Pro 2020 可以输出多种视频格式，常用的有以下几种。

（1）AVI（Audio Video Interleaved，音频视频交错）格式：AVI 格式适合保存高质量的视频文件，但文件较大。

（2）GIF（Graphics Interchange Format，图形交换格式）：GIF 格式的动画文件，可以显示视频运动画面，但不包含音频部分。

（3）MOV（QuickTime Movie Format，影片格式）：MOV 格式的数字电影，适合在网上下载。

（4）MP4（MPEG-4 Part14）格式：MP4 格式适合输出高清视频。

（5）WMV（Windows Media Video，视窗媒体视频）格式：WMV 格式的流媒体格式，适合在网络和移动平台发布。

2. 可输出的音频格式

使用 Premiere Pro 2020 可以输出多种音频格式，常用的有以下几种。

（1）WAV（Waveform Audio File Format，波形音频文件格式）：WAV 格式适合保存高质量的音频文件。

（2）AIFF（Audio Interchange File Format，音频交换文件格式）：AIFF 格式被广泛应用于音频编辑、音乐制作等领域。

此外，使用 Premiere Pro 2020 还可以输出 MP3、WMV 和 MOV 格式的音频。

3. 可输出的图像格式

Premiere Pro 2020 可以输出多种图像格式，其主要输出的图像格式有 Targa（Truevision Advanced Raster Graphics Adapter，真视高级光栅图形适配器）、TIFF（Tag Image File Format，标签图像文件格式）和 BMP（Bitmap，位图）等。

1.3.2 影片预演

影片预演是视频编辑过程中对编辑效果进行检查的重要手段，它实际上也属于编辑工作的一部分。影片预演分为两种，一种是实时预演，另一种是生成预演，下面对这两种方式分别进行讲解。

1. 实时预演

实时预演，也称实时预览，具体操作步骤如下。

（1）影片编辑完成后，在"时间轴"面板中将时间标签移动到需要预演的片段的开始位置，如图 1-30 所示。

（2）在"节目监视器"窗口中单击 ▶ 按钮，系统开始播放影片，在"节目监视器"窗口中预览节目的最终效果，如图 1-31 所示。

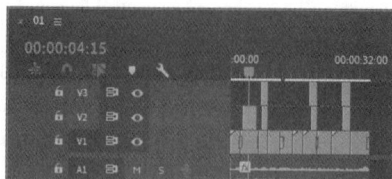

图1-30

图1-31

2. 生成预演

与实时预演不同的是，生成预演是先生成预演文件，然后再播放。因此，生成预演播放的画面是平滑的，不会产生停顿或跳跃。生成预演的具体操作步骤如下。

（1）影片编辑完成以后，在适当的位置标记入点和出点，以确定影片生成预演的范围，如图 1-32 所示。

（2）选择"序列>渲染入点到出点"命令，系统开始进行渲染，并弹出"渲染"对话框显示渲染进度，如图 1-33 所示。

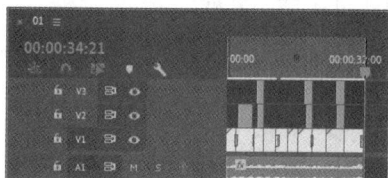

图1-32

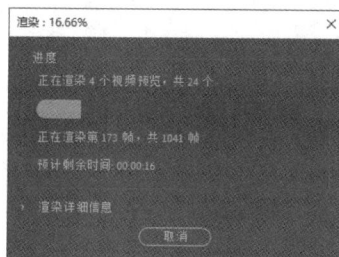

图1-33

（3）在"渲染"对话框中单击"渲染详细信息"选项左侧的 ▶ 按钮，可以查看渲染开始时间、已用时间和可用磁盘空间等信息，如图 1-34 所示。

（4）渲染结束后，系统会自动播放该片段。在"时间轴"面板中，预演部分上方会显示绿色线条，如图 1-35 所示。

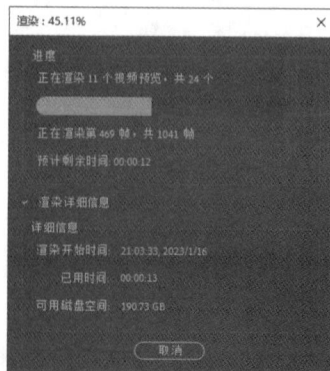

图1-34

图1-35

（5）如果用户先设置了预演文件的保存路径，就可以在计算机的硬盘中找到预演生成的临时文件，如图 1-36 所示。双击该文件，则可以利用计算机中的媒体播放器进行播放，如图 1-37 所示。

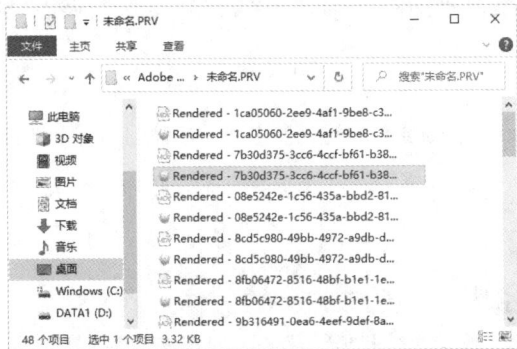

图 1-36

图 1-37

生成的预演文件可以重复使用，用户下一次预演该片段时会自动使用该预演文件。在关闭该项目文件时，如果不保存文件，预演生成的临时文件会自动删除。如果用户在修改预演区域片段后重新渲染，就会生成新的预演临时文件。

1.3.3 输出参数的设置

使用 Premiere Pro 2020，既可以将影片输出为用于电影或电视节目播放的录像带格式，也可以输出为通过网络传输的网络流媒体格式，还可以输出为用于制作 VCD 或 DVD 光盘的 AVI 格式等。但无论输出的是何种格式，在输出文件之前，都必须合理地设置相关的输出参数，使输出的影片达到理想的效果。

1. 输出选项

影片制作完成后即可输出。在输出影片之前，应当设置一些基本参数，设置的具体操作步骤如下。

（1）在"时间轴"面板选择需要输出的视频序列，选择"文件>导出>媒体"命令，在弹出的"导出设置"对话框中进行设置，如图 1-38 所示。

图 1-38

（2）在对话框右侧的选项区域中设置文件格式及各输出选项。

2．"视频"选项区域

在"视频"选项区域中，可以为输出的视频设置格式、品质及影片尺寸等相关的选项参数，如图1-39所示。

"视频"选项区域中各主要选项的作用如下。

"视频编解码器"：通常视频文件的数据量很大，为了减少所占的磁盘空间，在输出时可以选择适当的视频编解码器对文件进行压缩。

"质量"：用于设置影片的压缩品质。

"宽度"／"高度"：用于设置影片的尺寸。

"帧速率"：用于设置每秒播放画面的帧数，提高帧速率会使画面播放得更流畅。

"场序"：用于设置影片的场扫描方式，分为逐行、高场优先和低场优先3种方式。

"长宽比"：用于设置视频画面的宽度和高度的比。

"以最大深度渲染"：勾选此复选框，可以提高视频渲染质量，但会增加渲染时间。

"关键帧"：勾选此复选框，可以指定在导出视频中关键帧的插入频率。

"优化静止图像"：勾选此复选框，可以将序列中的静止图像渲染为单个帧，有助于减小导出的视频文件大小。

3．"音频"选项区域

在"音频"选项区域中，可以为输出的音频指定编解码器、采样率及声道等相关的选项参数，如图1-40所示。

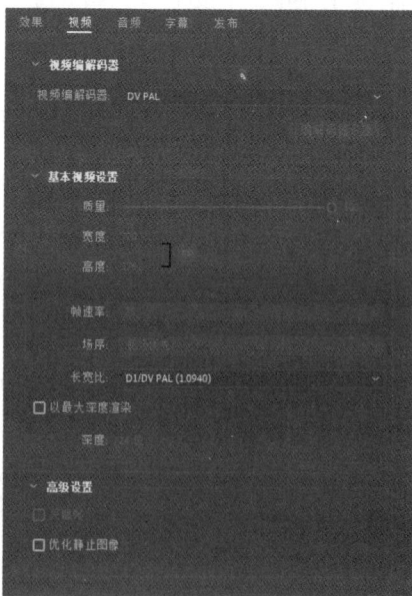

图1-39

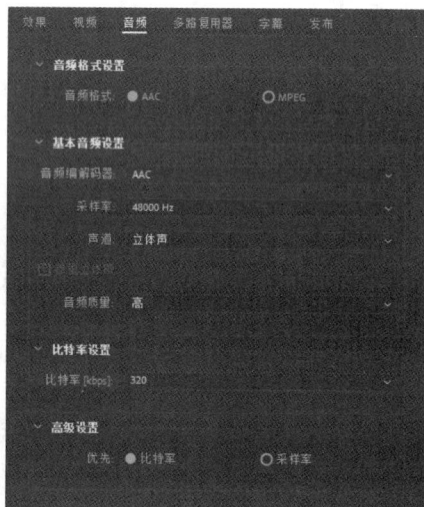

图1-40

"音频"选项区域中各主要选项的作用如下。

"音频格式"：选择音频导出的格式。

"音频编解码器"：为输出的音频文件选择合适的压缩方式进行压缩。

"采样率"：设置输出节目音频时所使用的采样速率。采样速率越高，播放质量越好，但所需的磁盘空间也越大，占用的处理时间就越长。

"声道"：在该选项的下拉列表中可以为音频选择不同的声道，包括单声道、立体声或 5.1。

"音频质量"：设置输出音频的质量，可选择高、中、低 3 个选项。

"比特率"：可以选择音频编码所用的比特率。比特率越高，音频质量越好。

"优先"：选择"比特率"单选项，将基于所选的比特率值限制采样率；选择"采样率"单选项，将限制指定采样率的比特率值。

1.3.4 不同格式文件的输出

使用 Premiere Pro 2020 可以渲染输出多种格式的文件，从而使视频编辑更加方便灵活。本节重点介绍各种常用格式的文件渲染输出的方法。

1. 输出单帧图像

在视频编辑中，可以将画面的某一帧输出，以便给视频动画制作定格效果。使用 Premiere Pro 2020 输出单帧图像的具体操作步骤如下。

（1）在"时间轴"面板中将时间标签移动到需要输出的某一帧处。选择"文件>导出>媒体"命令，弹出"导出设置"对话框，在"格式"选项的下拉列表中选择"TIFF"选项，单击"输出名称"右侧的文件名，在弹出的"另存为"对话框中输入文件名并设置文件的保存路径，单击"保存"按钮。勾选"导出视频"复选框，在"视频"选项区域中取消勾选"导出为序列"复选框，其他参数保持默认状态，如图 1-41 所示。

图 1-41

（2）单击"导出"按钮，导出时间标签位置的单帧图像。

2. 输出音频文件

使用 Premiere Pro 2020 可以将影片的音频制作成各种格式的文件，然后进行输出。输出音频文件的具体操作步骤如下。

（1）在"时间轴"面板选中需要输出的序列。选择"文件 > 导出 > 媒体"命令，弹出"导出设置"对话框，在"格式"选项的下拉列表中选择"MP3"选项，在"预设"选项的下拉列表中选择"MP3 128kbps"选项，单击"输出名称"右侧的文件名，在弹出的"另存为"对话框中输入文件名并设置文件的保存路径，单击"保存"按钮。勾选"导出音频"复选框，其他参数保持默认状态，如图 1-42 所示。

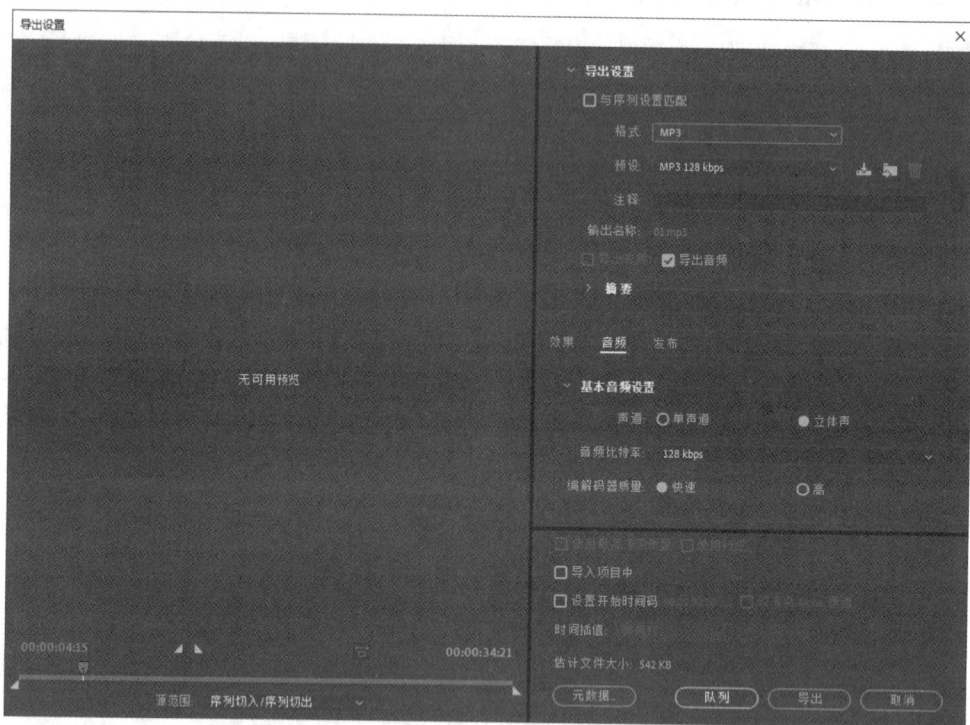

图 1-42

（2）单击"导出"按钮，导出音频文件。

3. 输出影片

输出影片是最常用的输出方式。将编辑完成的项目文件以视频格式输出，可以选择输出项目文件的全部或者某一部分，一般情况下会将全部的视频和音频一起输出。

下面以 AVI 格式为例，介绍输出影片的方法，其具体操作步骤如下。

（1）在"时间轴"面板中选择需要输出的序列。选择"文件 > 导出 > 媒体"命令，弹出"导出设置"对话框。

（2）在"格式"选项的下拉列表中选择"AVI"选项，在"预设"选项的下拉列表中选择"PAL DV"选项，如图 1-43 所示。

（3）单击"输出名称"右侧的文件名，在弹出的"另存为"对话框中输入文件名并设置文件的保存路径，单击"保存"按钮。勾选"导出视频"复选框和"导出音频"复选框。

（4）设置完成后，单击"导出"按钮，即可导出 AVI 格式的影片。

图 1-43

4. 输出静态图片序列

使用 Premiere Pro 2020 可以将视频输出为静态图片序列，也就是说，将视频画面的每一帧都单独输出为一张静态图片，这一系列图片中的每张都具有一个自动编号。这些输出的序列图片可用于三维软件中的动态贴图。

输出静态图片序列的具体操作步骤如下。

（1）影片制作完成后，在"节目监视器"窗口中设定输出视频的范围，"时间轴"面板如图 1-44 所示。

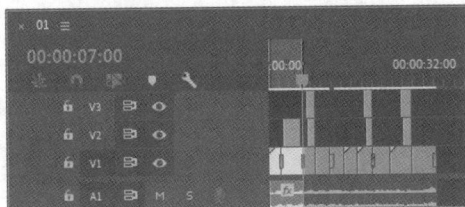

图 1-44

（2）选择"文件>导出>媒体"命令，弹出"导出设置"对话框，在"格式"选项的下拉列表中选择"TIFF"选项，单击"输出名称"右侧的文件名，在弹出的"另存为"对话框中输入文件名并设置文件的保存路径，单击"保存"按钮。勾选"导出视频"复选框，在"视频"选项区域中勾选"导出为序列"复选框，其他参数保持默认状态，如图 1-45 所示。

图 1-45

（3）单击"导出"按钮，导出静态图片序列文件，如图 1-46 所示。

图 1-46

02

项目二
制作宣传片

宣传片是一种用于推广活动、产品或服务的短片。它通常在电视、网络以及各类平台上播放，旨在推广品牌、介绍产品或服务、塑造形象等，以吸引更多的关注。本项目通过对 Premiere Pro 2020 中编辑素材和创建新元素等基础功能的讲解，帮助读者掌握在制作宣传片的过程中编辑素材和创建并处理新元素的技巧；以不同类型的宣传片为例，讲解宣传片的构思方法和制作技巧。读者通过本项目的学习可以掌握宣传片的制作要点，从而设计并制作出富有创意、画面精美的宣传片。

知识目标

- 熟练掌握编辑素材的方法。
- 掌握创建并处理新元素的技巧。
- 掌握宣传片的构思方法和制作技巧。

技能目标

- 掌握监视器窗口和"时间轴"面板的使用技巧。
- 掌握使用"项目"面板创建新元素的方法。
- 掌握"效果控件"的调整方法。

素养目标

- 培养有效组织和管理视频项目的管理能力。
- 培养从多个维度对作品进行分析和批判的能力。
- 提高应对技术问题和挑战的适应能力。

任务一　编辑素材

在 Premiere Pro 2020 中，可以使用监视器窗口和"时间轴"面板编辑素材，在本任务中将进行详细介绍。

2.1.1　使用监视器窗口编辑素材

使用监视器窗口可以观看素材和编辑完成的影片，以及设置素材的入点、出点等。

1. 监视器窗口概述

Premiere Pro 2020 中有两个监视器窗口："源监视器"窗口与"节目监视器"窗口，分别用来显示素材在编辑时的状态。图 2-1 为"源监视器"窗口，可以显示和编辑素材文件。在"项目"面板和"时间轴"面板中双击要观看的素材，素材都会自动显示在"源监视器"窗口中；图 2-2 为"节目监视器"窗口，可显示和设置序列，以及查看编辑后的效果。

图 2-1

图 2-2

◎　**安全区域**

用户可以在"源监视器"窗口和"节目监视器"窗口中设置安全区域，这对输出为用于电视机播放格式的影片非常有用。

电视机在播放视频图像时，屏幕的边缘会切除部分图像，这种处理方式叫作"溢出扫描"。不同电视机的溢出扫描量不同，为了保证良好的观看体验，要把图像的重要部分放在"安全区域"内。外侧方框以内的区域为"运动安全区域"，内侧方框以内的区域为"标题安全区域"，如图 2-3 所示。在制作影片时，需要将重要的场景元素、演员、图表放在"运动安全区域"内，将标题、字幕放在"标题安全区域"内。

图 2-3

单击"源监视器"窗口或"节目监视器"窗口下方的"安全边距"按钮 ▣ ，可以显示或隐藏监视器窗口中的安全区域。

◎　**控制按钮**

使用监视器窗口下方的工具栏中的控制按钮可以对素材进行编辑和播放控制，方便查看编辑后的效果，如图 2-4 所示。

图 2-4

◎ **时间码**

在不同的时间码模式下，时间的数字显示模式会有所不同。如果是"无丢帧"模式，时间码各单位之间用冒号分隔；如果是"丢帧"模式，时间码各单位之间用分号分隔；如果选择"帧"模式，时间码显示为帧数。

移动鼠标指针到当前时间显示区域并单击，从键盘上直接输入数值，然后按 Enter 键，影片会跳转到输入的时间位置。

如果输入的时间数值之间无间隔符号，如"1234"，则 Premiere Pro 2020 会自动将其识别为帧数，并根据所选用的时间码，将其换算为相应的时间。

窗口右侧的入点/出点持续时间标签显示影片入点与出点间的长度，即影片的持续时间。

◎ **比例显示**

缩放列表在"源监视器"窗口或"节目监视器"窗口的下方，可改变窗口中影片的显示比例，缩放列表如图 2-5 所示，可以通过放大或缩小比例对影片进行观察。若选择"适合"选项，则无论视窗大小，影片会自动与视窗相匹配，完全显示影片内容。

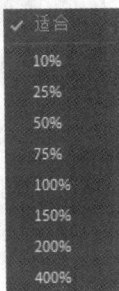

图 2-5

2. 使用"监视器窗口"编辑素材

可以通过增加或删除帧的方式改变素材的长度。素材开始帧的位置被称为入点，素材结束帧的位置被称为出点。用户可以为素材的视频和音频同时设置入点和出点，为素材的音频单独设置入点和出点，也可以为同一素材的视频和音频单独设置入点和出点。

◎ **为素材的视频和音频同时设置入点和出点**

（1）在"项目"面板中双击要设置入点和出点的素材，将其在"源监视器"窗口中打开。

（2）在"源监视器"窗口中拖动时间标签，找到要编辑的片段的开始位置。

（3）单击"源监视器"窗口下方的"标记入点"按钮 或按 I 键，时间轴上将标记出当前素材入点位置，窗口左下方显示入点的时间数值，如图 2-6 所示。

（4）继续拖曳时间标签，找到片段的结束位置。单击"源监视器"窗口下方"标记出点"按钮 或按 O 键，时间轴上将标记出当前素材出点位置。时间轴上入点与出点间的素材片段显示为浅灰色，如图 2-7 所示。

图 2-6

图 2-7

（5）单击"转到入点"按钮 可以自动跳转到影片的入点位置，单击"转到出点"按钮 可以自动跳转到影片的出点位置。

◎ **为素材的音频单独设置入点和出点**

当声音同步要求非常严格时，用户要保证音频素材的入点和出点位置设置的精确性。音频素材的入点和出点位置的设置精度可高达 1/600s。对于音频素材，入点或出点指示器出现在波形图相对应处，如图 2-8 所示。

为素材的音频设置入点和出点的方法与视频类似，这里就不再赘述。

◎ **为素材的视频或音频单独设置入点和出点**

当将一个同时含有影像和声音的素材拖曳入"时间轴"面板时，该素材的音频和视频部分会被放置相应的轨道中。为素材的视频或音频部分单独设置入点和出点的方法如下。

（1）在"源监视器"窗口打开要编辑的素材。

（2）在"源监视器"窗口中拖动时间标签，找到要编辑片段的开始位置。在菜单栏中选择"标记>标记拆分"命令，弹出子菜单，如图 2-9 所示。

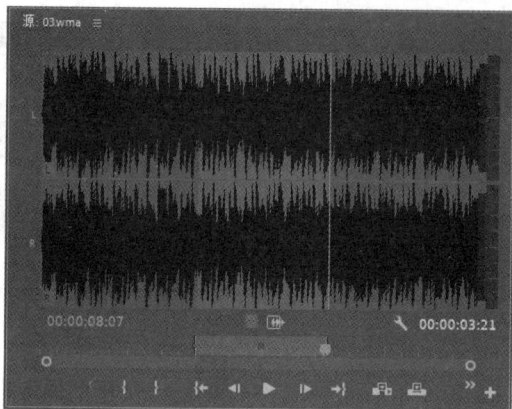

图 2-8

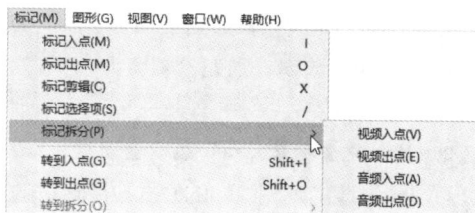

图 2-9

（3）在弹出的子菜单中分别选择"视频入点""视频出点"命令，为视频部分设置入点和出点，如图 2-10 所示。继续拖动时间标签，找到要编辑的音频片段的开始或结束位置。分别选择"音频入点""音频出点"命令，为音频部分设置入点和出点，如图 2-11 所示。

图 2-10

图 2-11

2.1.2 使用"时间轴"面板编辑素材

使用"时间轴"面板可以剪辑素材、切割素材、改变速度或持续时间、插入和覆盖素材、提升和提取素材、删除素材。

1. 在"时间轴"面板中剪辑素材

（1）将鼠标指针放置在素材的开始位置，当鼠标指针呈▶状时单击，向右拖曳鼠标指针到适当的位置，如图 2-12 所示。将鼠标指针放置在素材的结束位置，当鼠标指针呈◀状时单击，向左拖曳鼠标指针到适当的位置，如图 2-13 所示。

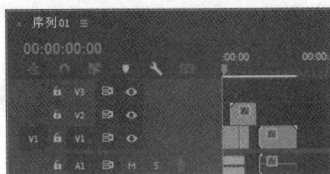

图 2-12

图 2-13

（2）选择"波纹编辑"工具 ，将鼠标指针放置在素材的开始位置，当鼠标指针呈 状时单击，向右拖曳鼠标指针到适当的位置，右侧的剪辑素材向左发生位移，如图 2-14 所示。将鼠标指针放置在素材文件的结束位置，当鼠标指针呈 状时单击，向左拖曳鼠标指针到适当的位置，右侧的剪辑素材向左发生位移，如图 2-15 所示。

图 2-14

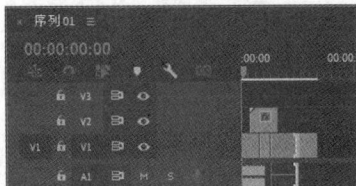

图 2-15

2. 切割素材

在 Premiere Pro 2020 中，当素材被添加到"时间轴"面板的轨道中后，可以使用"工具"面板中的"剃刀"工具 对此素材进行分割，具体操作步骤如下。

（1）选择工具箱中的"剃刀"工具 。

（2）将鼠标指针移到素材需要切割的位置并单击，该素材即被切割为两个素材，每一个素材都有独立的长度及入点与出点，如图 2-16 所示。

（3）如果要将多个轨道上的素材在同一点分割，则按住 Shift 键，鼠标指针变为多重刀片图标 后单击，所有轨道上未锁定的素材都在该单击位置被分割成两段，如图 2-17 所示。

图 2-16

图 2-17

3. 改变素材的速度或持续时间

在"时间轴"面板的某一个素材上单击鼠标右键，在弹出的菜单中选择"速度/持续时间"命令，会弹出图 2-18 所示的"剪辑速度/持续时间"对话框。设置完成后，单击"确定"按钮，完成更改。

速度：设置播放速度的百分比以决定影片的播放速度。

持续时间：单击右侧的时间码可以修改时间值。时间值越长，影片播放的速度越慢；时间值越短，影片播放的速度越快。

倒放速度：勾选此复选框，影片将倒放。

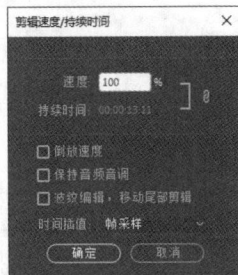

图 2-18

保持音频音调：勾选此复选框，影片音频的音调保持不变。

波纹编辑，移动尾部剪辑：勾选此复选框，剪辑后，相邻的素材会保持跟随。

时间插值：选择速度更改后的时间插值方法，包含帧采样、帧混合和光流法 3 种。

4. 插入和覆盖素材

"插入"按钮 和"覆盖"按钮 可以将"源监视器"窗口中的片段直接置入"时间轴"面板中时间标签所在位置的当前轨道中。

◎ **插入编辑**

使用"插入"按钮 的具体操作步骤如下。

（1）在"源监视器"窗口中选中要插入"时间轴"面板中的素材。

（2）在"时间轴"面板中将时间标签移动到需要插入素材的位置，如图 2-19 所示。

（3）单击"源监视器"窗口下方的"插入"按钮 ，将选择的素材插入"时间轴"面板中。插入的新素材会直接插入其中，把原素材分为两段，原素材的后半部分将自动向后移动，接在新素材之后，效果如图 2-20 所示。

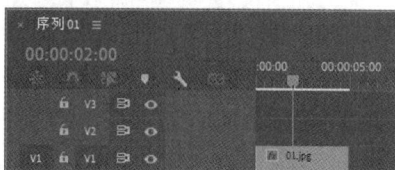

图 2-19

图 2-20

◎ **覆盖素材**

使用"覆盖"按钮 的具体操作步骤如下。

（1）在"源监视器"窗口中选中要插入"时间轴"面板中的素材。

（2）在"时间轴"面板中将时间标签移动到需要插入素材的位置，如图 2-21 所示。

（3）单击"源监视器"窗口下方的"覆盖"按钮 ，将选择的素材插入"时间轴"面板中。插入的新素材将覆盖时间标签右侧的原素材，如图 2-22 所示。

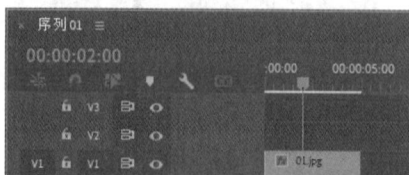

图 2-21

图 2-22

5. 提升和提取素材

使用"提升"按钮 和"提取"按钮 可以在"时间轴"面板的指定轨道上删除指定的素材片段。

◎ **提升素材**

使用"提升"按钮 的具体操作步骤如下。

（1）在"节目监视器"窗口中为素材需要删除的片段设置入点和出点。设置的入点和出点会同时显示在"时间轴"面板的时间标尺上，如图 2-23 所示。

（2）单击"节目监视器"窗口下方的"提升"按钮 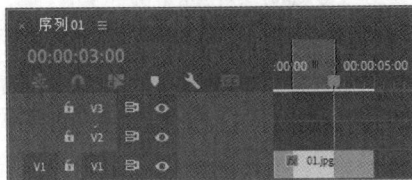，入点和出点之间的素材片段会被删除。"时间轴"面板中，删除后的区域留下空白间隙，如图 2-24 所示。

图 2-23　　　　　　　　　　　　图 2-24

◎　**提取素材**

使用"提取"按钮 的具体操作步骤如下。

（1）在"节目监视器"窗口中为素材需要删除的片段设置入点和出点。设置的入点和出点会同时显示在"时间轴"面板的时间标尺上。

（2）单击"节目监视器"窗口下方的"提取"按钮 ，入点和出点之间的素材片段会被删除，"时间轴"面板中被删除片段右侧的素材自动左移，填补被删除的区域，如图 2-25 所示。

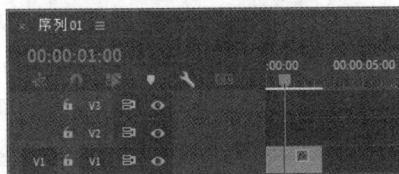

图 2-25

6.　删除素材

如果用户决定不使用"时间轴"面板中的某个素材片段，则可以在"时间轴"面板中将其删除。"时间轴"面板中被删除的素材并不会在"项目"面板中被删除。

◎　**删除素材**

删除素材的具体操作步骤如下。

（1）在"时间轴"面板中选中一个或多个素材。

（2）按 Delete 键或在菜单栏中选择"编辑>清除"命令，直接删除素材片段。

◎　**波纹删除素材**

波纹删除素材的具体操作步骤如下。

（1）在"时间轴"面板中选中一个或多个素材。

（2）单击素材鼠标右键，在弹出的快捷菜单中选择"波纹删除"命令，可以在删除素材片段的同时，使右侧的素材向左移动填充轨道片段。

提示：如果不希望其他轨道的素材移动，可以单击轨道左侧的"切换轨道锁定"按钮 锁定该轨道。

2.1.3　实训项目：剪辑武汉城市形象宣传片视频

【**案例知识要点**】

使用"导入"命令导入素材文件，使用"标记入点""标记出点"命令在"源监视器"窗口中剪辑视频，使用编辑点的拖曳操作在"时间轴"面板中剪辑素材，最终效果如图 2-26 所示。

微课：剪辑武汉城市
形象宣传片视频

图 2-26

【案例操作步骤】

（1）启动 Premiere Pro 2020，选择"文件>新建>项目"命令，弹出"新建项目"对话框，如图 2-27 所示，设置项目名称和保存位置，单击"确定"按钮，新建项目。

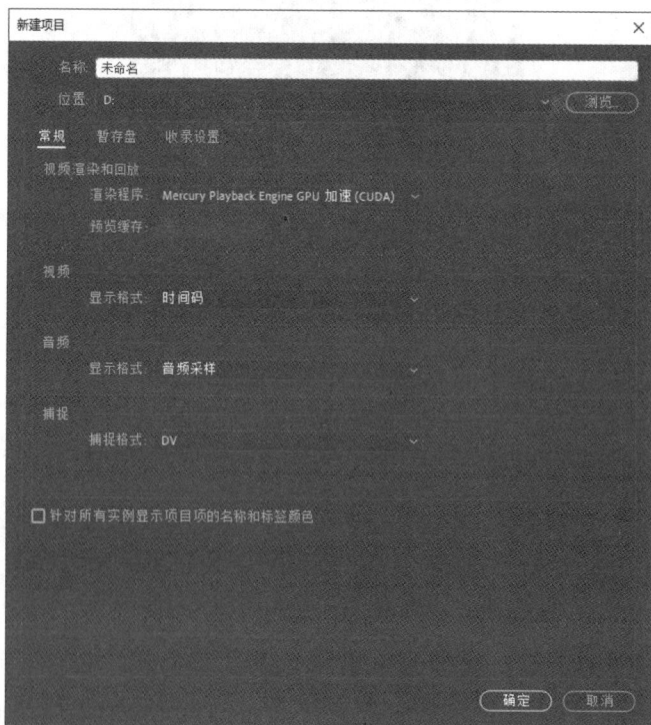

图 2-27

（2）选择"文件>导入"命令，弹出"导入"对话框，选择本书云盘中的"项目二/剪辑武汉城市形象宣传片视频/素材/01~04"文件，如图 2-28 所示（对应操作图因宽度有限，导航栏中无法显示完整素材地址，全书统一从"素材"项开始显示）。单击"打开"按钮，将素材文件导入到"项目"面板中，如图 2-29所示。双击"项目"面板中的"01"文件，在"源监视器"窗口中打开"01"文件，如图 2-30 所示。

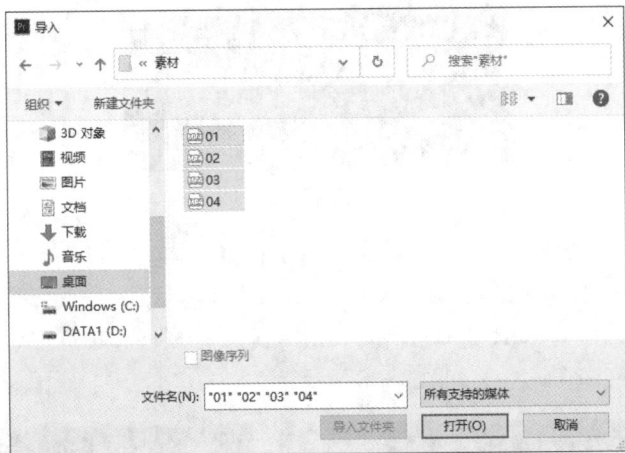

图 2-28

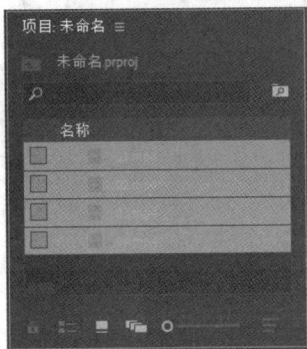

图 2-29

图 2-30

（3）将时间标签放置在 00:00:05:06 的位置。按 I 键，标记入点，如图 2-31 所示。将时间标签放置在 00:00:16:06 的位置。按 O 键，标记出点，如图 2-32 所示。选中"源监视器"窗口中的"01"文件并将其拖曳到"时间轴"面板中，生成"01"序列，同时"01"文件被放置到"V1"轨道中，如图 2-33 所示。

图 2-31

图 2-32

图 2-33

（4）双击"项目"面板中的"02"文件，在"源监视器"窗口中打开"02"文件。将时间标签放置在 00：00：06：10 的位置。按 I 键，标记入点，如图 2-34 所示。将时间标签放置在 00：00：09：13 的位置。按 O 键，标记出点，如图 2-35 所示。选中"源监视器"窗口中的"02"文件并将其拖曳到"时间轴"面板中的"V1"轨道中，如图 2-36 所示。

图 2-34

图 2-35

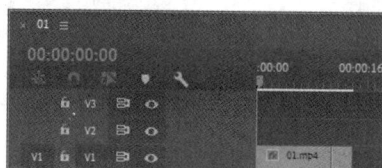

图 2-36

（5）双击"项目"面板中的"03"文件，在"源监视器"窗口中打开"03"文件。将时间标签放置在 00：00：04：08 的位置。按 I 键，标记入点，如图 2-37 所示。选中"源监视器"窗口中的"03"文件并将其拖曳到"时间轴"面板中的"V1"轨道中，如图 2-38 所示。

图 2-37

图 2-38

（6）在"时间轴"面板中，将时间标签放置在 00:00:20:00 的位置，如图 2-39 所示。将鼠标指针放在"03"文件的结束位置，当鼠标指针呈┪状时，将其向左拖曳到 00:00:20:00 的位置，如图 2-40 所示。

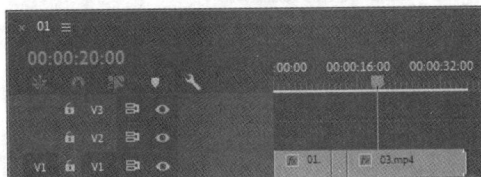

图 2-39

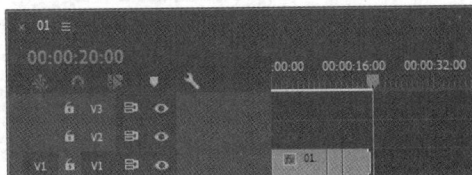

图 2-40

（7）双击"项目"面板中的"04"文件，在"源监视器"窗口中打开"04"文件。将时间标签放置在 00:00:17:05 的位置。按 I 键，标记入点，如图 2-41 所示。选中"源监视器"窗口中的"04"文件并将其拖曳到"时间轴"面板中的"V1"轨道中，如图 2-42 所示。武汉城市形象宣传片视频剪辑完成。

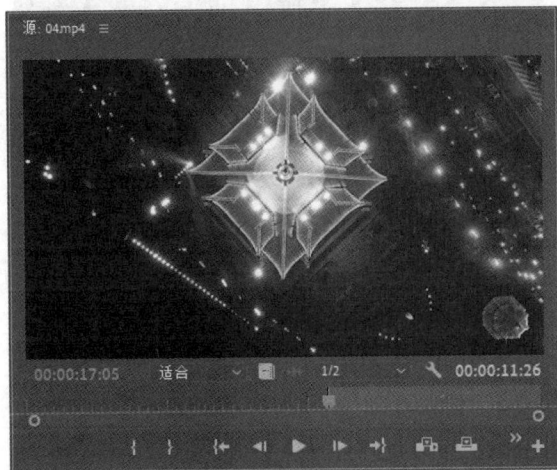

图 2-41

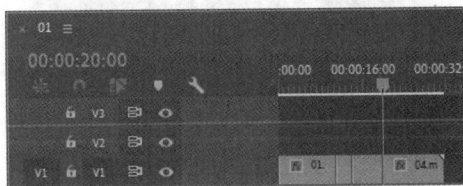

图 2-42

任务二　创建新元素

Premiere Pro 2020 除了使用导入的素材，还可以创建一些新的素材元素。本任务将对创建新元素的方法进行详细介绍。

2.2.1　通用倒计时片头

通用倒计时片头通常用于影片开始前的倒计时准备。Premiere Pro 2020 为用户提供了通用倒计时片头模板，用户可以非常简便地创建一个标准的倒计时片头素材，并可以在 Premiere Pro 2020 中随时对其进行修改，通用倒计时片头如图 2-43 所示。创建通用倒计时片头素材的具体操作步骤如下。

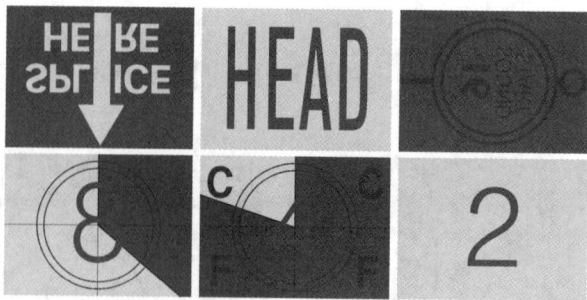

图 2-43

（1）单击"项目"面板下方的"新建项"按钮，在弹出的列表中选择"通用倒计时片头"选项，弹出"新建通用倒计时片头"对话框，如图 2-44 所示。依据需求将参数设置完成后，单击"确定"按钮，弹出"通用倒计时设置"对话框，如图 2-45 所示。

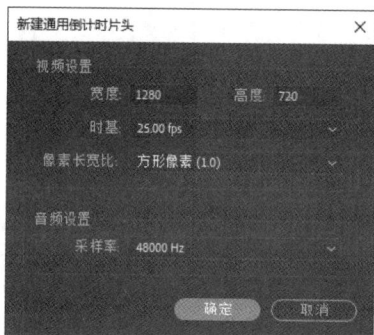

图 2-44

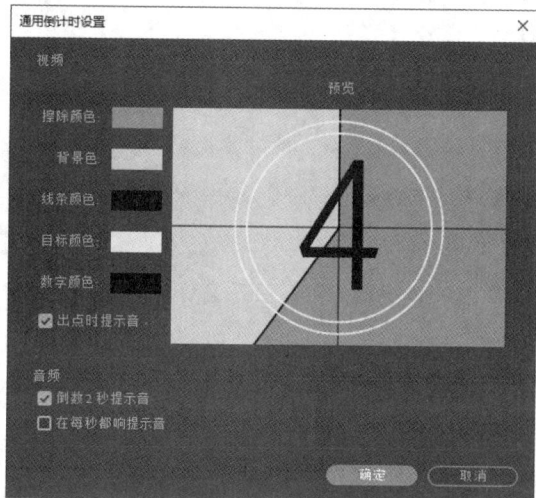

图 2-45

"擦除颜色"：播放倒计时影片时，指示线会不停地围绕圆心转动，在指示线转动方向之后区域的颜色为擦除颜色。

"背景色"：指示线转动方向之前区域的颜色。

"线条颜色"：固定十字及转动的指示线的颜色。

"目标颜色"：数字周围两圈圆形线条的颜色。

"数字颜色"：倒计时影片中倒计时数字的颜色。

"出点时提示音"：勾选该复选框后，在片头的最后一帧中播放提示音。

"倒数 2 秒提示音"：勾选此复选框后，在最后两秒标记处播放嘟嘟声。

"在每秒都响提示音"：勾选该复选框后，每秒都播放提示音。

（2）设置完成后，单击"确定"按钮，Premiere Pro 2020 自动将该段倒计时影片加入"项目"面板。

用户可在"项目"面板或"时间轴"面板中双击倒计时素材，打开"通用倒计时设置"对话框进行修改。

2.2.2　彩条和黑场视频

1．彩条

使用 Premiere Pro 2020 可以为影片在正片前加入一段彩条，如图 2-46 所示。

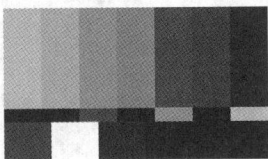

图 2-46

在"项目"面板下方单击"新建项"按钮，在弹出的列表中选择"彩条"选项，在弹出的"新建彩条"对话框中设置参数，设置完成后单击"确定"按钮即可创建彩条。

2．黑场视频

使用 Premiere Pro 2020 可以在影片中创建一段黑场视频。在"项目"面板下方单击"新建项"按钮，在弹出的列表中选择"黑场视频"选项，在弹出的"新建黑场视频"对话框中设置参数，设置完成后单击"确定"按钮即可创建黑场视频。

2.2.3　调整图层

使用 Premiere Pro 2020 可以创建调整图层。使用调整图层可以将同一效果应用至时间轴上的多个素材，也可以使用多个调整图层添加更多效果。创建调整图层的具体操作步骤如下。

在"项目"面板下方单击"新建项"按钮，在弹出列表中选择"调整图层"选项，弹出"调整图层"对话框，如图 2-47 所示。参数设置完成后，单击"确定"按钮，在"项目"面板中生成调整图层，如图 2-48 所示。

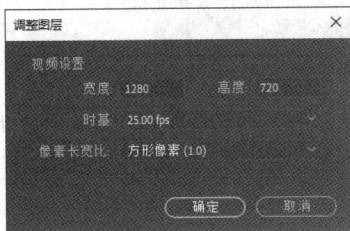

图 2-47

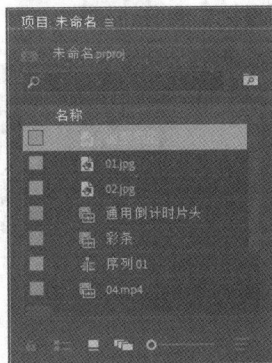

图 2-48

2.2.4　颜色遮罩

使用 Premiere Pro 2020 还可以为影片创建颜色遮罩。创建颜色遮罩的具体操作步骤如下。

（1）在"项目"面板下方单击"新建项"按钮，在弹出列表中选择"颜色遮罩"选项，弹出"新建颜色遮罩"对话框，如图 2-49 所示。参数设置完成后，单击"确定"按钮，弹出"拾色器"对话框，如图 2-50 所示。

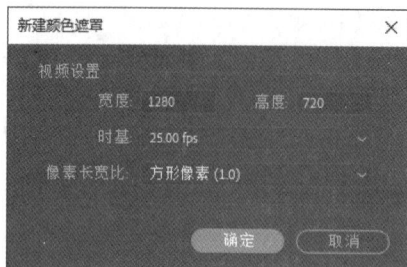

图 2-49

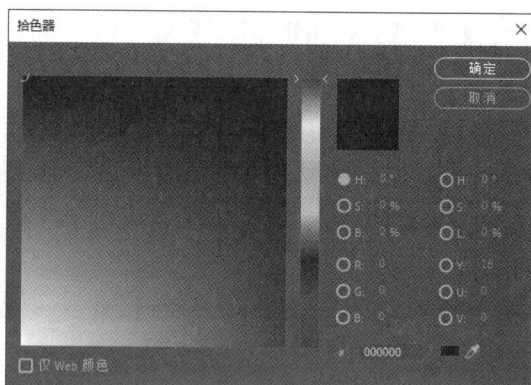

图 2-50

（2）在"拾色器"对话框中选取遮罩所要使用的颜色，单击"确定"按钮后设置遮罩名称，即可创建颜色遮罩。用户可在"项目"面板或"时间轴"面板中双击颜色遮罩素材，在打开的"拾色器"对话框进行修改。

2.2.5　实训项目：添加篮球公园宣传片中的彩条

【案例知识要点】

使用"导入"命令导入素材文件，使用"剃刀"工具切割视频素材，使用"插入"命令插入素材文件，使用"新建"命令新建 HD 彩条，最终效果如图 2-51 所示。

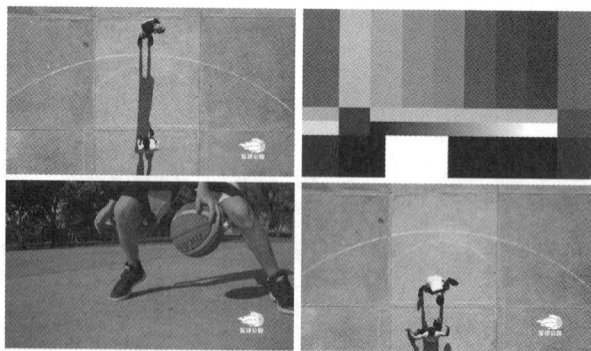

微课：添加篮球公园
宣传片中的彩条

图 2-51

【案例操作步骤】

（1）启动 Premiere Pro 2020，选择"文件>新建>项目"命令，弹出"新建项目"对话框，如图 2-52 所示，单击"确定"按钮，新建项目。

（2）选择"文件>导入"命令，弹出"导入"对话框，选择本书云盘中的"项目二/篮球公园宣传片/素材/01~03"文件，如图 2-53 所示，单击"打开"按钮，将素材文件导入到"项目"面板中，如图 2-54 所示。在"项目"面板中，选中"01"文件并将其拖曳到"时间轴"面板中生成"01"序列，"01"文件同时被放置到"V1"轨道中，如图 2-55 所示。

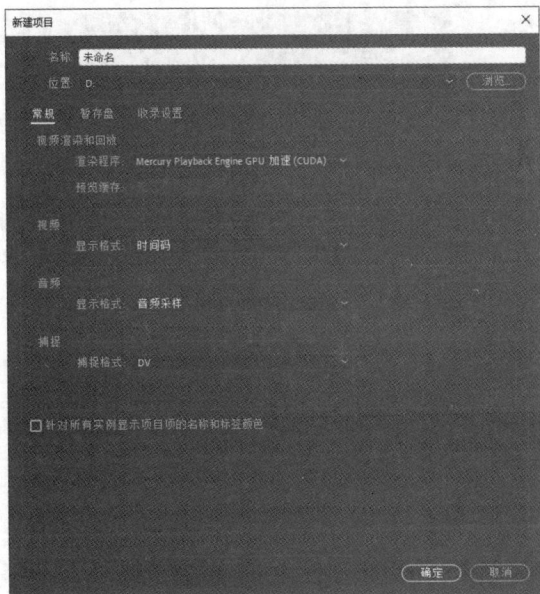

图 2-52

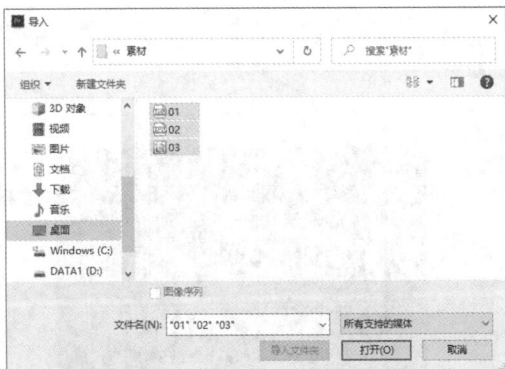

图 2-53

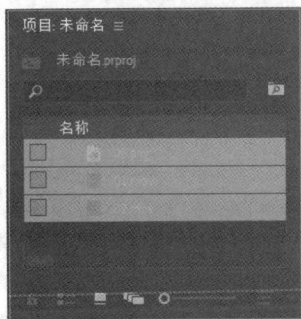

图 2-54

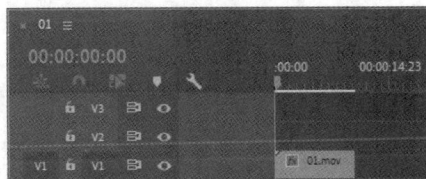

图 2-55

（3）将时间标签放置在 00:00:05:00 的位置。在"项目"面板中选中"02"文件，在文件上单击鼠标右键，在弹出的菜单中选择"插入"命令，在"时间轴"面板"V1"轨道中时间标签的位置插入"02"文件，如图 2-56 所示。

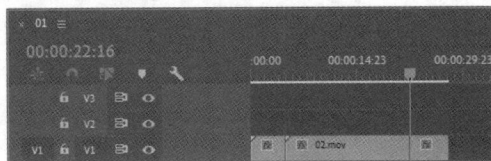

图 2-56

（4）将时间标签放置在 00:00:08:00 的位置。选择"剃刀"工具 ，将鼠标指针移到"时间轴"面板中的"02"文件上单击，在时间标尺处切割素材，如图 2-57 所示。

（5）选择"选择"工具 ，选中切割后右侧的"02"文件，在文件上单击鼠标右键，在弹出的菜单中选择"波纹删除"命令，删除"02"文件且右侧的"01"文件自动前移，如图 2-58 所示。

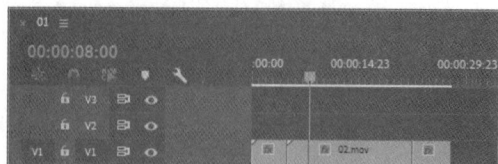

图 2-57

图 2-58

（6）选择"项目"面板，选择"文件>新建>HD 彩条"命令，弹出"新建 HD 彩条"对话框，如图 2-59 所示，单击"确定"按钮，在"项目"面板中新建"HD 彩条"文件，如图 2-60 所示。

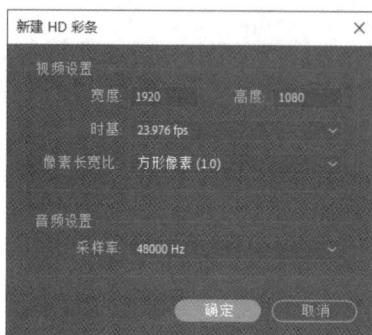

图 2-59

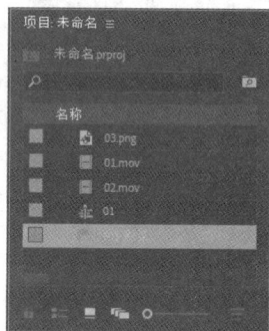

图 2-60

（7）在"项目"面板中，选中"HD 彩条"文件并将其拖曳到"时间轴"面板中的"V2"轨道中，如图 2-61 所示。将时间标签放置在 00:00:05:08 的位置。将鼠标指针放在"HD 彩条"文件的结束位置单击，当鼠标指针呈┫状时，将其向左拖曳到 00:00:05:08 的位置，如图 2-62 所示。

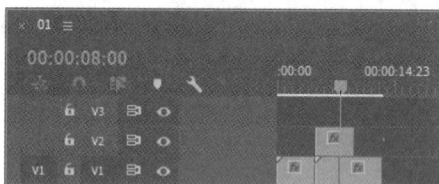

图 2-61

图 2-62

（8）按住 Alt 键的同时，选择"A2"轨道中的音频文件，如图 2-63 所示，按 Delete 键，删除文件。在"项目"面板中，选中"03"文件并将其拖曳到"时间轴"面板中的"V3"轨道中，如图 2-64 所示。将鼠标指针放在"03"文件的结束位置单击，当鼠标指针呈┫状时，将其向右拖曳到"01"文件的结束位置，如图 2-65 所示。

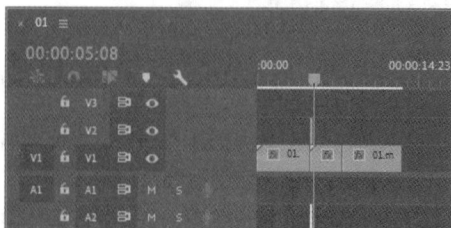

图 2-63

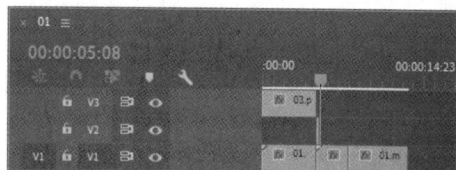

图 2-64

（9）选中"时间轴"面板中的"03"文件。选择"效果控件"面板，展开"运动"选项，将"位置"选项设为 1640.0 和 902.0，"缩放"选项设置为 27.0，如图 2-66 所示。

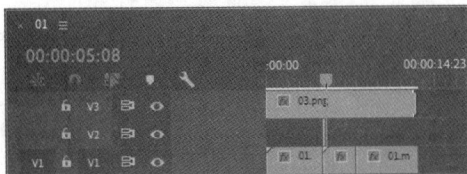

图 2-65

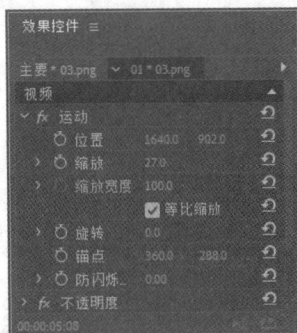

图 2-66

（10）将时间标签放置在 00:00:04:23 的位置。选择"效果控件"面板，展开"不透明度"选项，单击"不透明度"选项右侧的"添加/移除关键帧"按钮 ，如图 2-67 所示，记录第 1 个动画关键帧。将时间标签放置在 00:00:05:00 的位置。将"不透明度"选项设置为 0.0%，如图 2-68 所示，记录第 2 个动画关键帧。

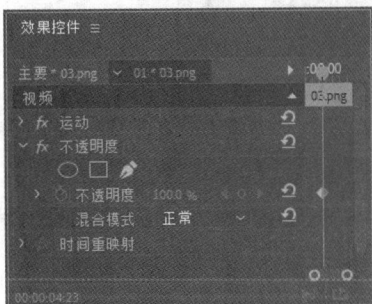

图 2-67

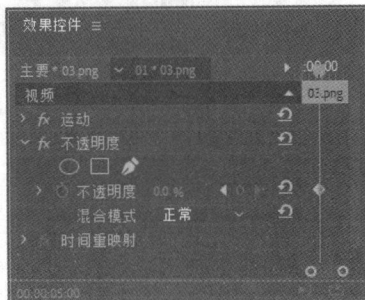

图 2-68

（11）将时间标签放置在 00:00:05:07 的位置。单击"不透明度"选项右侧的"添加/移除关键帧"按钮 ，如图 2-69 所示，记录第 3 个动画关键帧。将时间标签放置在 00:00:05:08 的位置。将"不透明度"选项设置为 100.0%，如图 2-70 所示，记录第 4 个动画关键帧。篮球公园宣传片中的彩条添加完成。

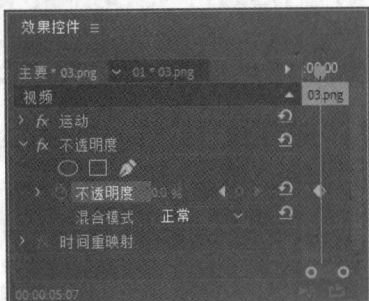

图 2-69

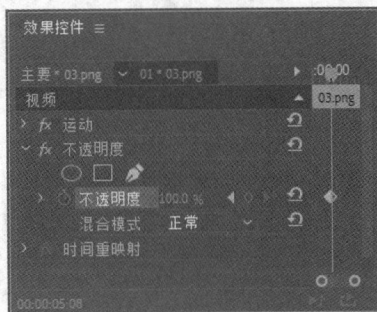

图 2-70

任务三	综合实训项目

2.3.1　制作璀璨烟火宣传片

【案例知识要点】

使用"导入"命令导入素材文件，使用"插入"按钮插入素材文件，使用"剃刀"工具切割素材文件，使用快捷键波纹删除素材文件，使用"效果控件"面板调整素材文件的缩放效果，最终效果如图 2-71 所示。

微课：制作璀璨
烟火宣传片

图 2-71

【案例操作步骤】

（1）启动 Premiere Pro 2020，选择"文件>新建>项目"命令，弹出"新建项目"对话框，如图 2-72 所示，单击"确定"按钮，新建项目。选择"文件>新建>序列"命令，弹出"新建序列"对话框，单击"设置"选项卡，设置如图 2-73 所示，单击"确定"按钮，新建序列。

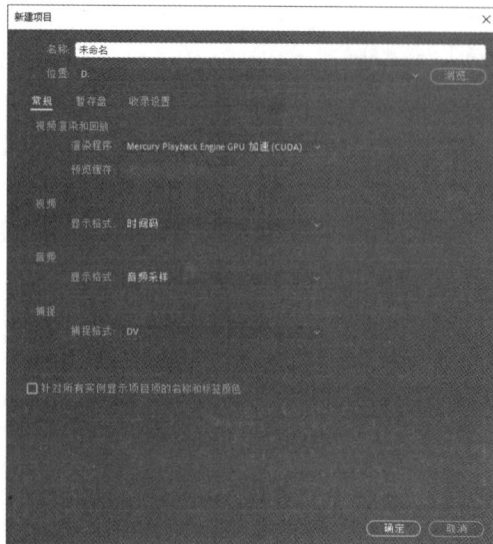

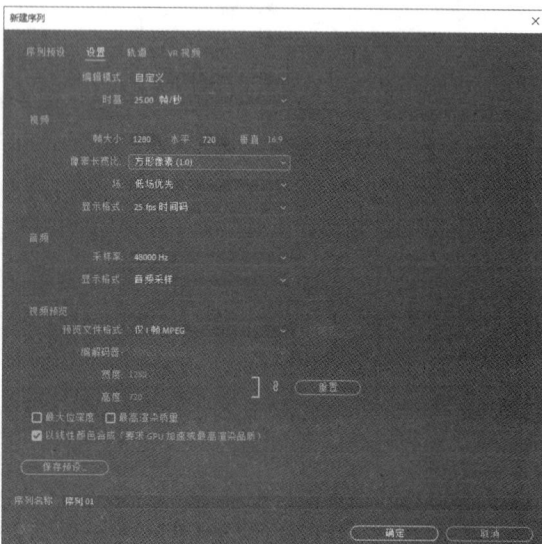

图 2-72　　　　　　　　　　　　　　　　图 2-73

（2）选择"文件>导入"命令，弹出"导入"对话框，选择本书云盘中的"项目二/制作璀璨烟火宣传片/素材/01~03"文件，如图 2-74 所示，单击"打开"按钮，将素材文件导入到"项目"面板中，如图 2-75 所示。

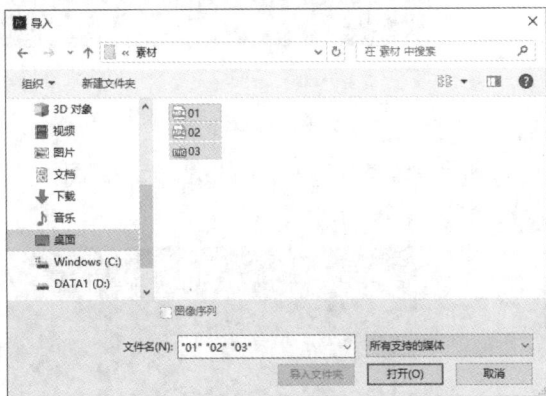

图 2-74

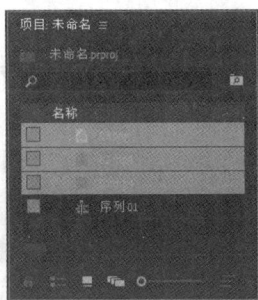

图 2-75

（3）在"项目"面板中，选中"01"文件并将其拖曳到"时间轴"面板中的"V1"轨道中，弹出"剪辑不匹配警告"对话框，单击"保持现有设置"按钮，在保持现有序列设置不变的情况下将"01"文件放置在"V1"轨道中，如图 2-76 所示。选中"时间轴"面板中的"01"文件。选择"效果控件"面板，展开"运动"选项，将"缩放"选项设置为 67.0，如图 2-77 所示。

图 2-76

图 2-77

（4）将时间标签放置在 00:00:10:00 的位置。选择"工具"面板中的"剃刀"工具，在"01"文件上时间标签的位置单击鼠标左键，如图 2-78 所示。选择"选择"工具，选中切割后右侧的片段。按 Delete 键，删除片段，效果如图 2-79 所示。

图 2-78

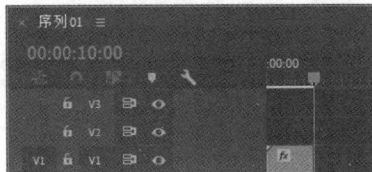

图 2-79

（5）将时间标签放置在 00:00:03:00 的位置，如图 2-80 所示。在"项目"面板中的"02"文件上单击鼠标右键，在弹出的菜单中选择"插入"命令，在"时间轴"面板中插入"02"文件，如图 2-81 所示。

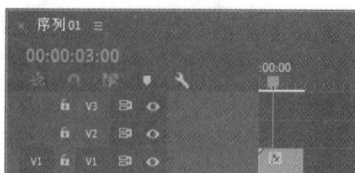

图 2-80

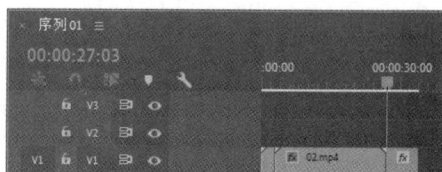

图 2-81

（6）将时间标签放置在 00:00:08:00 的位置。选择"工具"面板中的"剃刀"工具，在"02"文件上时间标签的位置单击切割影片，如图 2-82 所示。选择"选择"工具，选中切割后"02"文件右侧的片段。按 Shift+Delete 组合键，波纹删除文件，效果如图 2-83 所示。

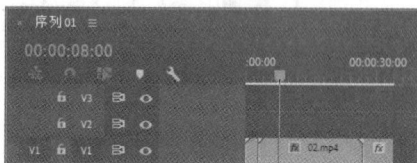

图 2-82

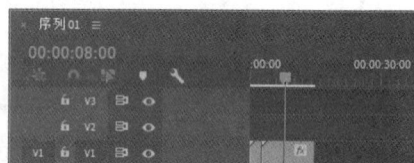

图 2-83

（7）选中"时间轴"面板中的"02"文件。选择"效果控件"面板，展开"运动"选项，将"缩放"选项设置为 67.0，如图 2-84 所示。将时间标签放置在 00:00:00:00 的位置。在"项目"面板中，选中"03"文件并将其拖曳到"时间轴"面板中的"V2"轨道中，如图 2-85 所示。

图 2-84

图 2-85

（8）选中"时间轴"面板中的"03"文件。在"效果控件"面板中，展开"运动"选项，将"缩放"选项设置为 67.0，如图 2-86 所示。将鼠标指针放在"03"文件的结束位置并单击，当鼠标指针呈状时，将其向左拖曳到"01"文件的结束位置，如图 2-87 所示。璀璨烟火宣传片制作完成。

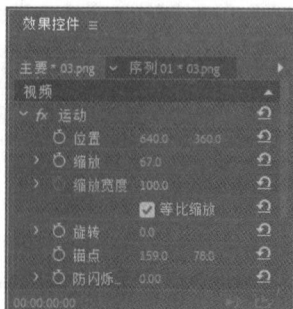

图 2-86

图 2-87

2.3.2 制作旅游宣传片

【案例知识要点】

使用"导入"命令导入素材文件，使用"取消链接"命令取消素材文件视频和音频的链接，使用快捷键删除音频，使用"时间轴"面板剪辑素材，最终效果如图 2-88 所示。

微课：制作旅游宣传片

图 2-88

【案例操作步骤】

（1）启动 Premiere Pro 2020，选择"文件>新建>项目"命令，弹出"新建项目"对话框，如图 2-89 所示，单击"确定"按钮，新建项目。选择"文件>新建>序列"命令，弹出"新建序列"对话框，单击"设置"选项卡，设置如图 2-90 所示，单击"确定"按钮，新建序列。

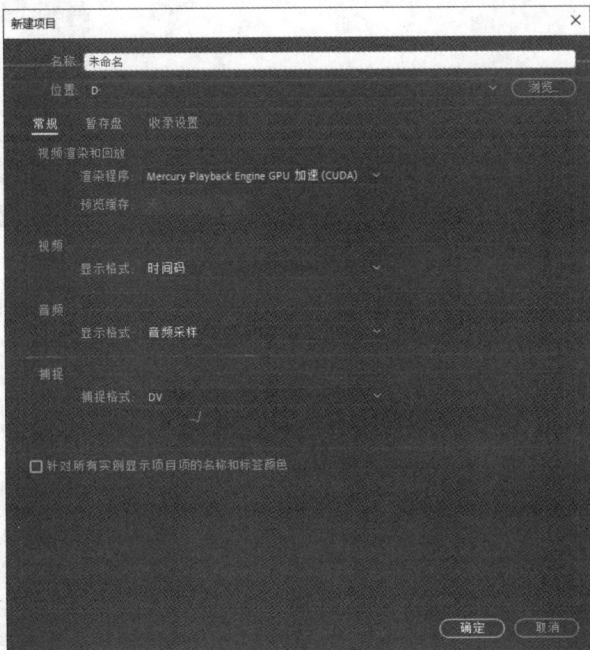

图 2-89

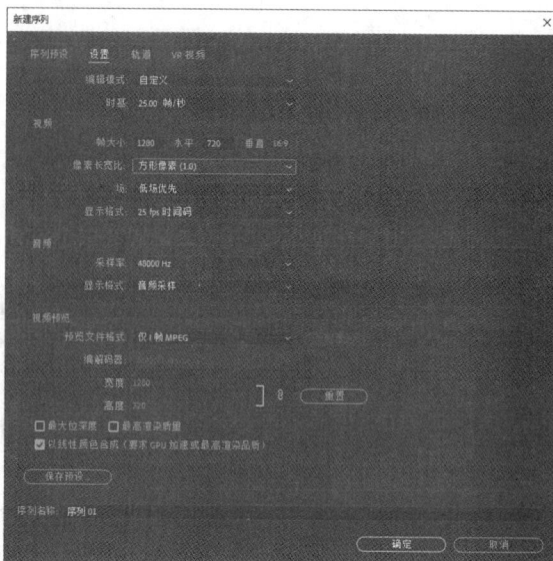

图 2-90

（2）选择"文件>导入"命令，弹出"导入"对话框，选择本书云盘中的"项目二/制作旅游宣传片/素材/01~04"文件，如图 2-91 所示，单击"打开"按钮，将素材文件导入到"项目"面板中，如图 2-92 所示。

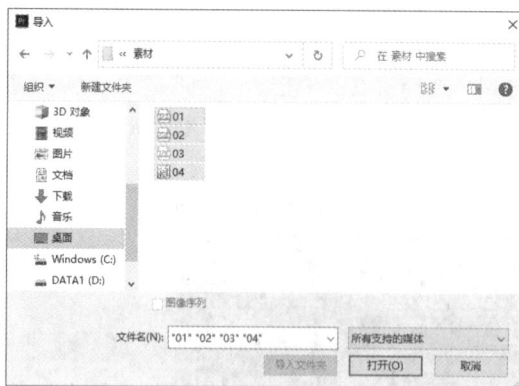

图 2-91

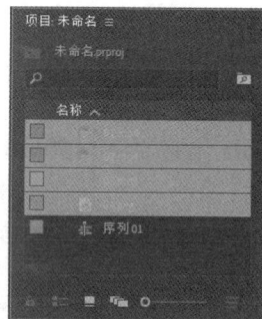

图 2-92

（3）在"项目"面板中，选中"02"文件并将其拖曳到"时间轴"面板中的"V1"轨道中，弹出"剪辑不匹配警告"对话框，单击"保持现有设置"按钮，在保持现有序列设置不变的情况下将"02"文件放置在"V1"轨道中，如图 2-93 所示。在"时间轴"面板中的"02"文件上单击鼠标右键，在弹出的菜单中选择"取消链接"命令，取消视频和音频的链接，如图 2-94 所示。

图 2-93

图 2-94

（4）选中下方的音频文件。按 Delete 键，删除音频文件，如图 2-95 所示。在"项目"面板中，选中"01"文件并将其拖曳到"时间轴"面板中的"V1"轨道中。按住 Alt 键的同时单击"01"文件的音频。按 Delete 键，删除音频文件，如图 2-96 所示。

图 2-95

图 2-96

（5）在"项目"面板中，选中"03"文件并将其拖曳到"时间轴"面板中的"A1"轨道中，如图 2-97 所示。将鼠标指针放在"03"音频文件的结束位置并单击，当鼠标指针呈◀状时，将其向左拖曳到"01"文件的结束位置，如图 2-98 所示。

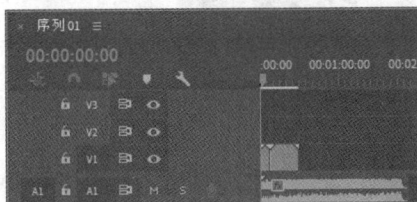

图 2-97

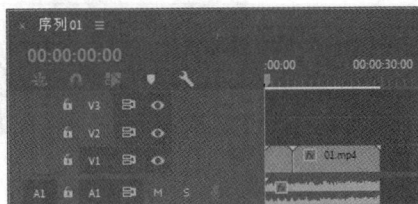

图 2-98

（6）在"项目"面板中，选中"04"文件并将其拖曳到"时间轴"面板中的"V2"轨道中，如图 2-99 所示。将鼠标指针放在"04"文件的结束位置并单击，当鼠标指针呈◀状时，将其向右拖曳到"01"文件的结束位置，如图 2-100 所示。

（7）选中"时间轴"面板中的"04"文件。选择"效果控件"面板，展开"运动"选项，将"位置"选项设为 1199.0 和 667.0，如图 2-101 所示。旅游宣传片制作完成。

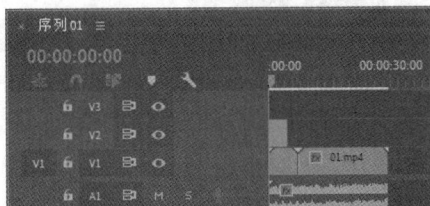

图 2-99

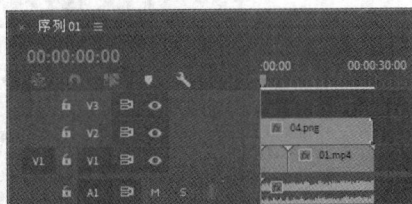

图 2-100

图 2-101

2.3.3 制作古镇宣传片

【案例知识要点】

使用"导入"命令导入素材文件，使用"标记入点""标记出点"命令在"源监视器"窗口中剪辑视频，使用"插入"命令插入素材文件，使用"速度/持续时间"命令调整影片播放速度，最终效果如图 2-102 所示。

微课：制作古镇
宣传片

图 2-102

【案例操作步骤】

（1）启动 Premiere Pro 2020，选择"文件>新建>项目"命令，弹出"新建项目"对话框，如图 2-103 所示，单击"确定"按钮，新建项目。

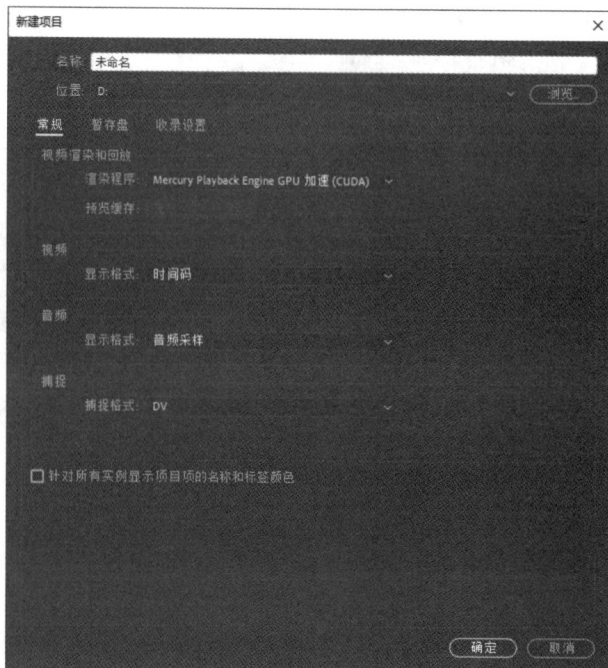

图 2-103

（2）选择"文件>新建>序列"命令，弹出"新建序列"对话框，单击"设置"选项卡，设置如图2-104所示，单击"确定"按钮，新建序列。

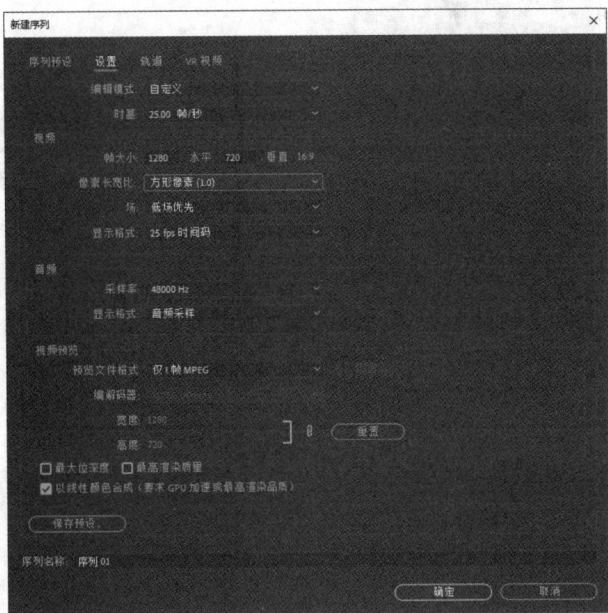

图2-104

（3）选择"文件>导入"命令，弹出"导入"对话框，选择本书云盘中的"项目二/制作古镇宣传片/素材/01~03"文件，如图2-105所示，单击"打开"按钮，将素材文件导入到"项目"面板中，如图2-106所示。

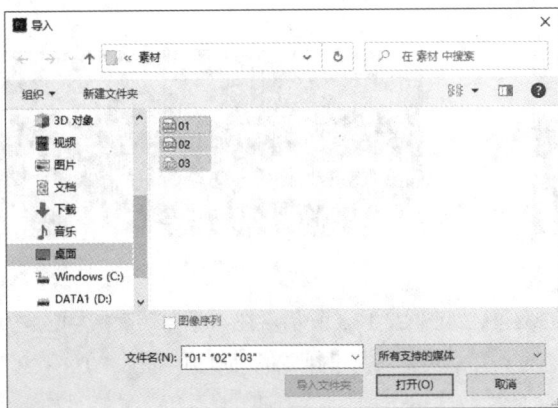

图2-105

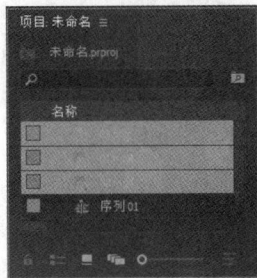

图2-106

（4）双击"项目"面板中的"01"文件，在"源监视器"窗口中打开"01"文件。将时间标签放置在00:00:37:14的位置。按O键，创建标记出点，如图2-107所示。选中"源监视器"窗口中的"01"文件并将其拖曳到"时间轴"面板中的"V1"轨道中，弹出"剪辑不匹配警告"对话框，单击"保持现有设置"按钮，在保持现有序列设置不变的情况下将"01"文件放置在"V1"轨道中，如图2-108所示。

图 2-107

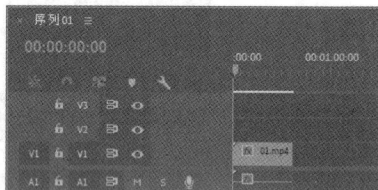

图 2-108

（5）按住 Alt 键的同时，选择下方的音频，如图 2-109 所示。按 Delete 键，删除音频，如图 2-110 所示。

图 2-109

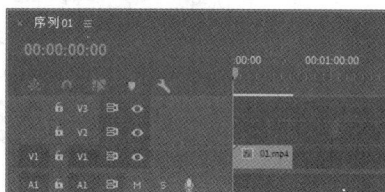

图 2-110

（6）选择"剃刀"工具 ，分别将时间标签放置在 00:00:04:00、00:00:12:00 的位置并单击进行切割，如图 2-111 所示。选择"选择"工具 ，选中切割后中间的文件。选择"编辑>波纹删除"命令，删除选中的文件，如图 2-112 所示。

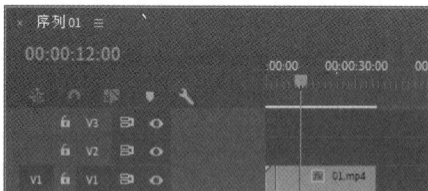

图 2-111

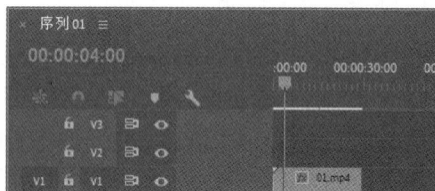

图 2-112

（7）将时间标签放置在 00:00:08:00 的位置，如图 2-113 所示。在"项目"面板中的"02"文件上单击鼠标右键，在弹出的菜单中选择"插入"命令，在"时间轴"面板中插入"02"文件，如图 2-114 所示。

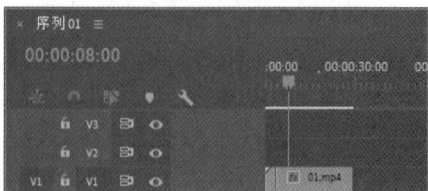

图 2-113

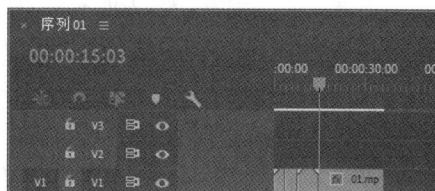

图 2-114

（8）选中"时间轴"面板中的"02"文件。在"02"文件上单击鼠标右键，在弹出的菜单中选择"速度/持续时间"命令，在弹出的"剪辑速度/持续时间"对话框中勾选"波纹编辑，移动尾部剪辑"复选框，其他选项的设置如图 2-115 所示，单击"确定"按钮，效果如图 2-116 所示。

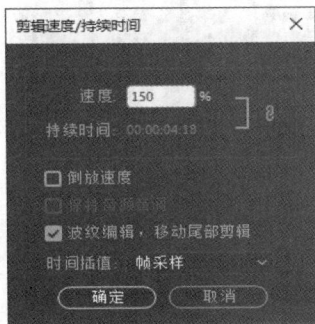

图 2-115

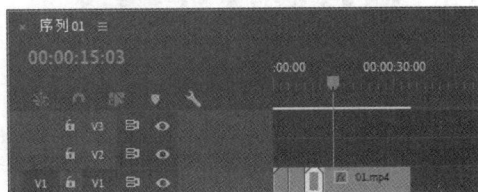

图 2-116

（9）将时间标签放置在 00:00:28:24 的位置。选择"剃刀"工具，将鼠标指针移到"时间轴"面板中的"01"文件上，在时间标签处单击切割素材，如图 2-117 所示。选择"选择"工具，选中切割后左侧的文件。选择"编辑>波纹删除"命令，删除选中的文件，如图 2-118 所示。

图 2-117

图 2-118

（10）将时间标签放置在 00:00:00:11 的位置。在"项目"面板中，选中"03"文件并将其拖曳到"时间轴"面板中的"V2"轨道中，如图 2-119 所示。选中"时间轴"面板中的"03"文件，选择"效果控件"面板，展开"运动"选项，将"位置"选项设置为 1044.0 和 360.0，如图 2-120 所示。

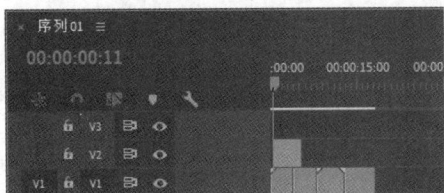

图 2-119

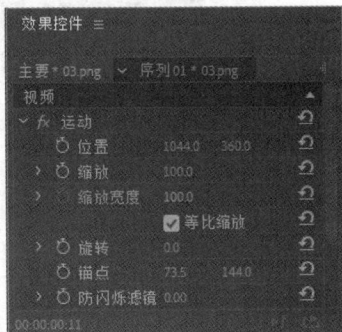

图 2-120

（11）选择"效果"面板，展开"预设"分类选项，单击"模糊"文件夹前面的右尖括号按钮将其展开，选中"快速模糊入点"效果，如图 2-121 所示。将"快速模糊入点"效果拖曳到"时间轴"

面板"V2"轨道中的"03"文件上。选择"效果"面板，选中"快速模糊出点"效果，如图 2-122 所示。将"快速模糊出点"效果拖曳到"时间轴"面板"V2"轨道中的"03"文件上。古镇宣传片制作完成。

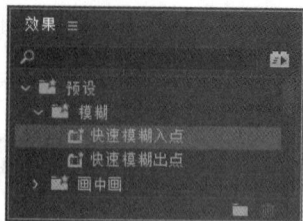

图 2-121

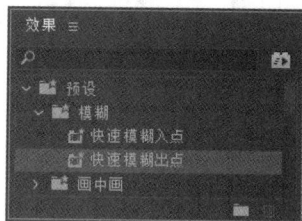

图 2-122

任务四　课后实战演练

2.4.1　重组番茄的故事宣传片

【练习知识要点】

使用"导入"命令导入素材文件，使用"效果控件"面板调整素材缩放效果，使用"插入"按钮插入素材文件，最终效果如图 2-123 所示。

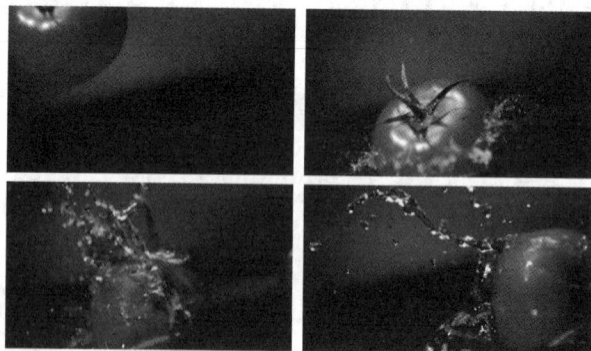

微课：重组番茄的故事宣传片

图 2-123

【案例所在位置】

云盘中的"项目二/重组番茄的故事宣传片/重组番茄的故事宣传片.prproj"。

2.4.2　剪辑超市宣传片

【练习知识要点】

使用"导入"命令导入素材文件，使用"标记入点""标记出点"命令在"源监视器"窗口中剪辑视频，使用剪辑点的拖曳操作剪辑素材，使用"速度/持续时间"命令调整视频播放速度，最终效果如图 2-124 所示。

图 2-124

微课：剪辑超市
宣传片

【案例所在位置】

云盘中的"项目二/剪辑超市宣传片/剪辑超市宣传片.prproj"。

03

项目三
制作电子相册

电子相册可用于记录美丽的风景、展现亲密的友情和保存精彩的瞬间等，它具有可随意修改、快速检索、长久保存以及可快速分发等传统相册无法比拟的优越性。本项目通过对 Premiere Pro 2020 中视频过渡效果的讲解，帮助读者掌握在制作电子相册的过程中不同过渡效果的设置方法；以多类主题的电子相册为例，讲解电子相册的构思方法和制作技巧。读者通过学习可以掌握电子相册的制作要点，从而设计并制作出精美的电子相册。

知识目标

✔ 掌握视频过渡效果的使用方法。
✔ 熟练掌握过渡效果的设置技巧。
✔ 掌握电子相册的构思方法和制作技巧。

技能目标

✔ 掌握使用"效果"面板添加视频过渡效果的方法。
✔ 熟练使用"效果控件"面板调整视频过渡效果的方法。
✔ 掌握在"时间轴"面板中编辑文件的技巧。

素养目标

✔ 培养灵活运用各种视频效果的创意思维和设计能力。
✔ 培养有序整理和排列图片及音乐素材的管理能力。
✔ 培养整合想法、高效沟通的交流和协作能力。

任务一　使用视频过渡效果

视频过渡效果是添加在素材之间，用于让素材之间的衔接显得流畅和自然的动画效果。本任务主要介绍 Premiere Pro 2020 中视频过渡效果的内容和使用方式。

3.1.1　视频过渡效果的内容

根据类型的不同，Premiere Pro 2020 将各种视频过渡效果分别放在"效果"面板中的"视频过渡"文件夹下的子文件夹中，如图 3-1 所示。用户可以根据想使用的过渡效果类型，方便地进行查找。

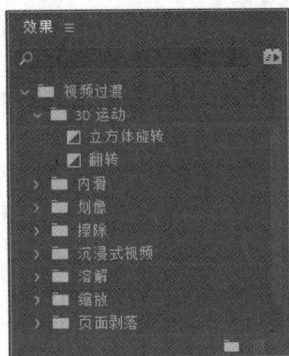

图 3-1

3.1.2　视频过渡效果的使用方式

一般情况下，视频过渡效果在同一轨道的两个相邻素材之间使用，如图 3-2 所示，也可以单独为一个素材添加过渡效果。单独添加时，素材与其下方轨道上的素材进行过渡，但是下方轨道上的素材只是作为背景使用，并不能被过渡效果所控制，如图 3-3 所示。

图 3-2

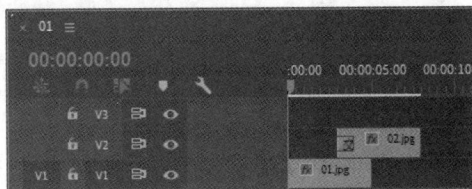

图 3-3

任务二　设置视频过渡效果

为同一轨道上相邻的两段素材加入视频过渡效果后，"时间轴"面板的相邻素材间会有一个重叠区域，这个重叠区域就是发生过渡的范围。可以通过"效果控件"面板和"时间轴"面板对过渡效果进行设置。

3.2.1　视频过渡效果选项

在"效果控件"面板上方单击▶按钮，可以在小视窗中预览视频过渡效果，如图 3-4 所示。对于某些有方向性的过渡效果来说，可以在小视窗中单击箭头改变过渡效果的方向。例如，单击小视窗中右上角的小三角形改变过渡效果的方向，如图 3-5 所示。

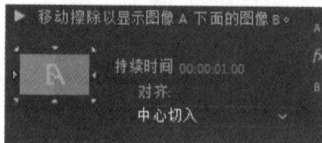

图 3-4

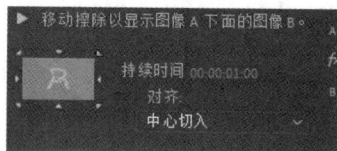

图 3-5

"持续时间"选项用来设置过渡效果的持续时间。另外，双击"时间轴"面板中的过渡块，弹出"设置过渡持续时间"对话框，如图 3-6 所示，时间输入完成后，单击"确定"按钮，也可以设置过渡效果的持续时间。

"对齐"选项包含"中心切入""起点切入""终点切入""自定义起点"4 种对齐方式。

"开始"和"结束"选项可以设置过渡效果的起始状态和结束状态。按住 Shift 键并拖曳滑块，可以使开始滑块和结束滑块以相同的数值变化。

勾选"显示实际源"复选框，可以在上方的"开始"和"结束"视窗中显示过渡效果的开始帧和结束帧，如图 3-7 所示。

其他选项设置会根据过渡效果的不同有不同的变化。

图 3-6

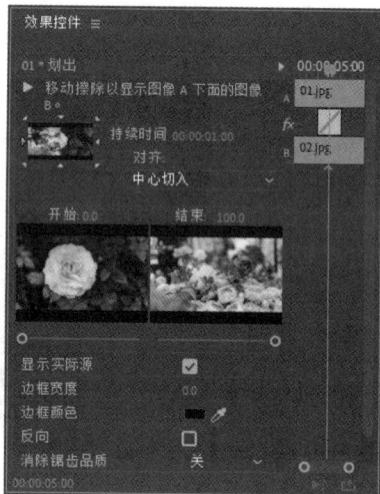

图 3-7

3.2.2　调整视频过渡效果

在"效果控件"面板中，将鼠标指针移动到过渡块中线上，当鼠标指针呈 ✥ 状时左右拖曳鼠标指针，可以改变素材影片的持续时间和过渡效果的影响区域，如图 3-8 所示。将鼠标指针移动到过渡块上，当鼠标指针呈 ⬌ 状时左右拖曳鼠标指针，可以改变过渡效果的切入位置，如图 3-9 所示。

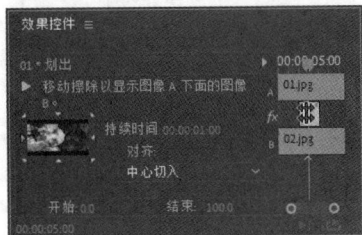

图 3-8

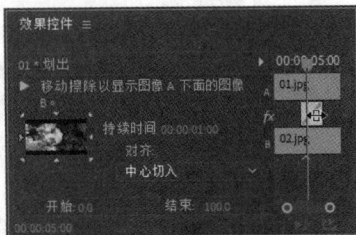

图 3-9

在"效果控件"面板中，将鼠标指针移动到过渡块的左侧边缘，当鼠标指针呈 状时左右拖曳鼠标指针，可以改变过渡块的长度，如图 3-10 所示。在"时间轴"面板中，将鼠标指针移动到过渡块的右侧边缘，当鼠标指针呈 状时拖曳鼠标指针，也可以改变过渡块的长度，如图 3-11 所示。

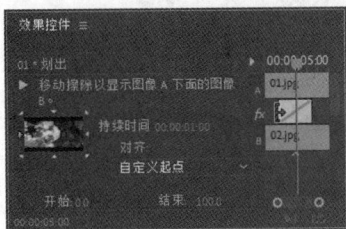

图 3-10

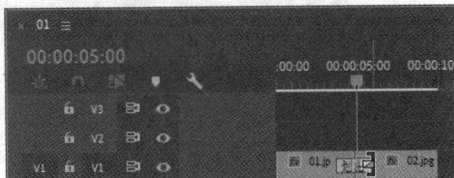

图 3-11

3.2.3　实训项目：设置校园生活电子相册的转场

【案例知识要点】

使用"导入"命令导入素材文件，使用"交叉溶解"效果设置图片之间的视频过渡效果，使用"效果控件"面板调整视频过渡效果，最终效果如图 3-12 所示。

微课：设置校园生活
电子相册的转场

图 3-12

【案例操作步骤】

1．添加并调整素材

（1）启动 Premiere Pro 2020，选择"文件>新建>项目"命令，弹出"新建项目"对话框，如图 3-13 所示，单击"确定"按钮，新建项目。

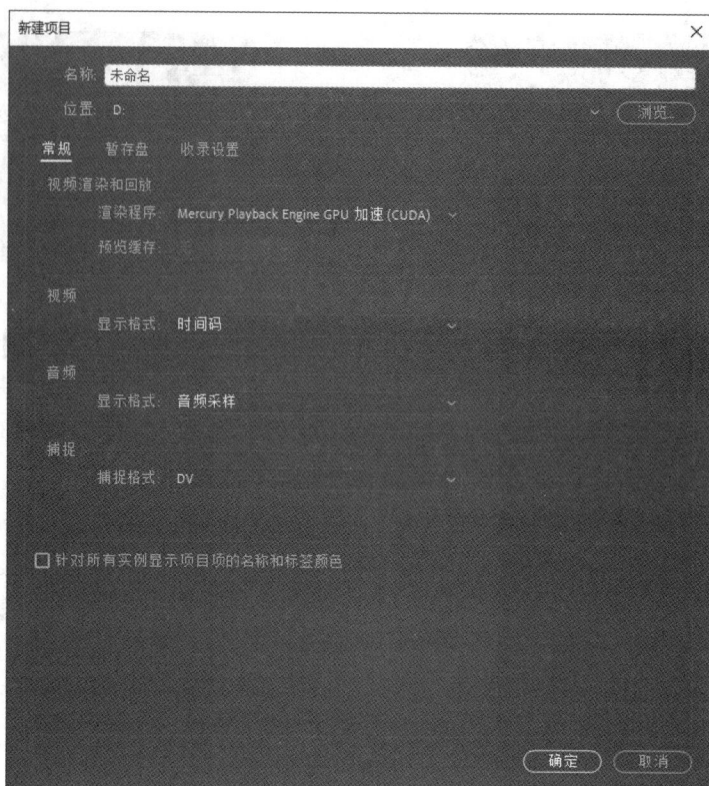

图 3-13

（2）选择"文件>导入"命令，弹出"导入"对话框，选择本书云盘中的"项目三/设置校园生活电子相册的转场/素材/01~04"文件，如图 3-14 所示，单击"打开"按钮，将素材文件导入到"项目"面板中，如图 3-15 所示。在"项目"面板中，选中"01"文件并将其拖曳到"时间轴"面板中生成"01"序列，同时"01"文件被放置到"V1"轨道中，如图 3-16 所示。

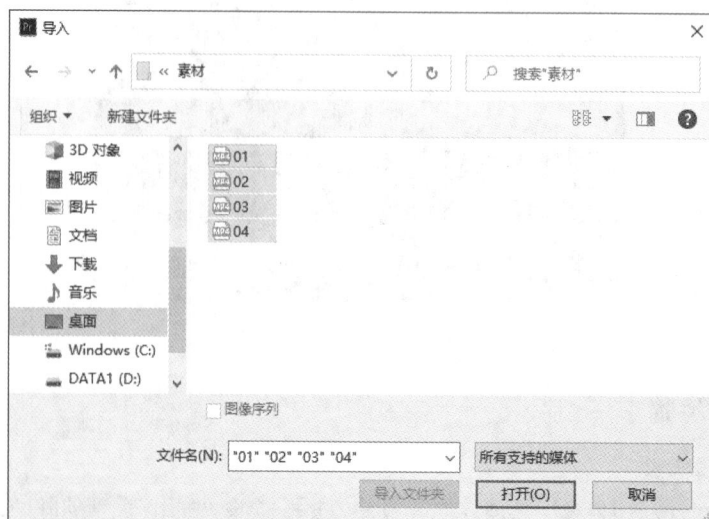

图 3-14

图 3-15

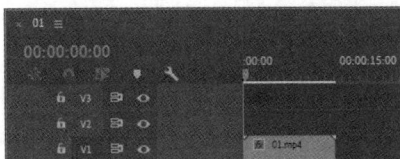

图 3-16

（3）选中"时间轴"面板中的"01"文件。在"01"文件上单击鼠标右键，在弹出的快捷菜单中选择"速度/持续时间"命令，在弹出的"剪辑速度/持续时间"对话框中进行设置，如图 3-17 所示。设置完成后，单击"确定"按钮，效果如图 3-18 所示。

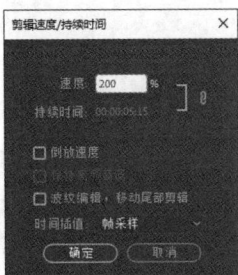

图 3-17

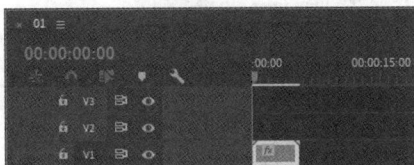

图 3-18

（4）在"项目"面板中，选中"02"文件并将其拖曳到"时间轴"面板的"V1"轨道中，如图 3-19 所示。

图 3-19

（5）选中"时间轴"面板中的"02"文件。在"02"文件上单击鼠标右键，在弹出的快捷菜单中选择"速度/持续时间"命令，在弹出的"剪辑速度/持续时间"对话框中进行设置，如图 3-20 所示。设置完成后，单击"确定"按钮，效果如图 3-21 所示。

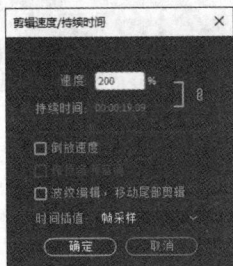

图 3-20

图 3-21

（6）将时间标签放置在 00:00:13:13 的位置。将鼠标指针放在"02"文件的结束位置，当鼠标指针呈◂|状时，将其向左拖曳到 00:00:13:13 的位置，如图 3-22 所示。在"项目"面板中，选中"03"文件并将其拖曳到"时间轴"面板的"V1"轨道中，如图 3-23 所示。

图 3-22

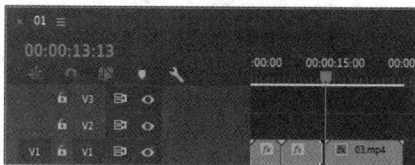

图 3-23

（7）选中"时间轴"面板中的"03"文件。在"03"文件上单击鼠标右键，在弹出的快捷菜单中选择"速度/持续时间"命令，在弹出的"剪辑速度/持续时间"对话框中进行设置，如图 3-24 所示。设置完成后，单击"确定"按钮，效果如图 3-25 所示。

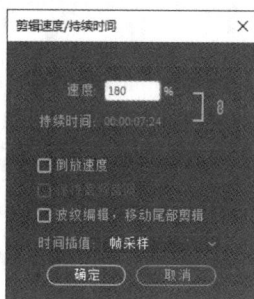

图 3-24

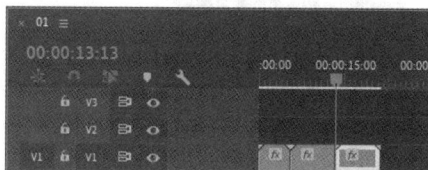

图 3-25

（8）双击"项目"面板中的"04"文件，在"源监视器"窗口中打开"04"文件。将时间标签放置在 00:00:09:48 的位置，按 I 键，标记入点。将时间标签放置在 00:00:15:48 的位置，按 O 键，标记出点，如图 3-26 所示。选中"源监视器"窗口中的"04"文件并将其拖曳到"时间轴"面板中的"V1"轨道中，如图 3-27 所示。

图 3-26

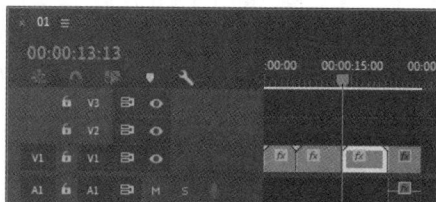

图 3-27

2. 为素材添加视频过渡效果

（1）选择"效果"面板，展开"视频过渡"效果分类选项，单击"溶解"文件夹前面的右尖括号按钮▶将其展开，选中"交叉溶解"效果，如图 3-28 所示。将"交叉溶解"效果拖曳到"时间轴"面板"01""02"文件之间，如图 3-29 所示。

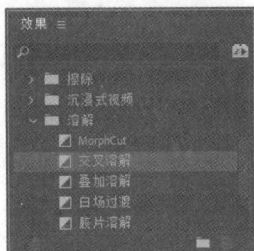

图 3-28

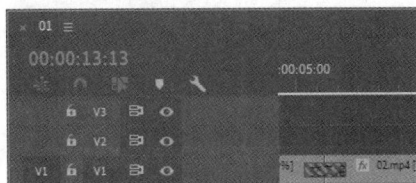

图 3-29

（2）选中"时间轴"面板中的"交叉溶解"效果。选择"效果控件"面板，将"持续时间"选项设置为 00:00:02:00，如图 3-30 所示，"时间轴"面板如图 3-31 所示。

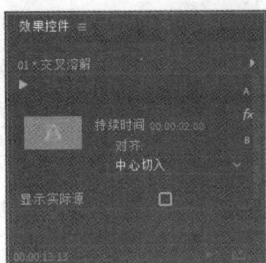

图 3-30

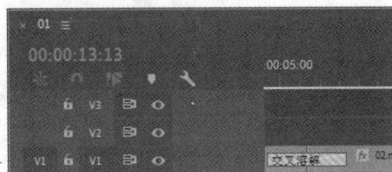

图 3-31

（3）在"效果"面板中选中"交叉溶解"效果，将"交叉溶解"效果拖曳到"时间轴"面板"03""04"文件之间，如图 3-32 所示。采用类似的方法，再将"交叉溶解"效果拖曳到"时间轴"面板"04"文件的结束位置，如图 3-33 所示。

图 3-32

图 3-33

（4）选中"时间轴"面板中"04"文件结束位置的"交叉溶解"效果。在"效果控件"面板中，将"持续时间"选项设置为 00:00:03:00，如图 3-34 所示，"时间轴"面板如图 3-35 所示。校园生活电子相册的转场设置完成。

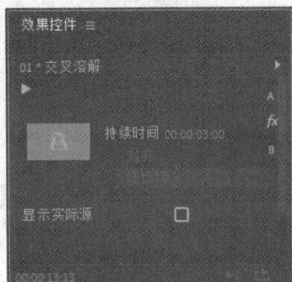

图 3-34

图 3-35

任务三　综合实训项目

3.3.1　制作花世界电子相册

【案例知识要点】

使用"导入"命令导入素材文件，使用"立方体旋转"效果、"圆划像"效果、"带状擦除"效果和"VR 漏光"效果设置素材之间的视频过渡效果，使用"效果控件"面板调整视频过渡效果，最终效果如图 3-36 所示。

图 3-36

微课：制作花世界
电子相册

【案例操作步骤】

（1）启动 Premiere Pro 2020，选择"文件>新建>项目"命令，弹出"新建项目"对话框，如图 3-37 所示，单击"确定"按钮，新建项目。选择"文件>新建>序列"命令，弹出"新建序列"对话框，单击"设置"选项卡，设置如图 3-38 所示，单击"确定"按钮，新建序列。

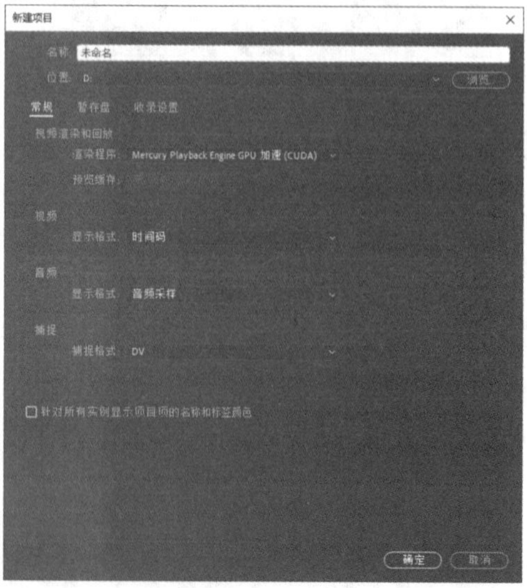

图 3-37

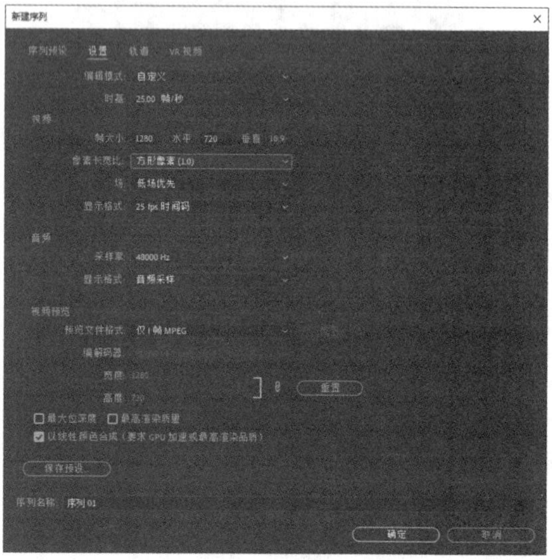

图 3-38

（2）选择"文件>导入"命令，弹出"导入"对话框，选择本书云盘中的"项目三/制作花世界电子相册/素材/01~05"文件，如图 3-39 所示，单击"打开"按钮，将素材文件导入到"项目"面板中，如图 3-40 所示。

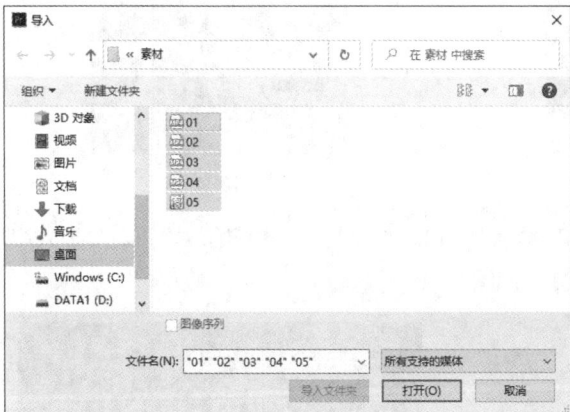

图 3-39

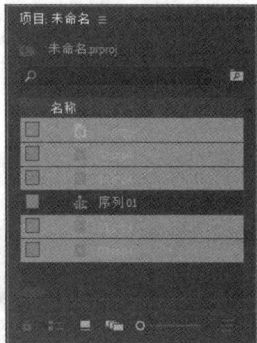

图 3-40

（3）在"项目"面板中，选中"01"文件并将其拖曳到"时间轴"面板中的"V1"轨道中，弹出"剪辑不匹配警告"对话框，单击"保持现有设置"按钮，在保持现有序列设置不变的情况下将"01"文件放置在"V1"轨道中，如图 3-41 所示。

（4）将时间标签放置在 00:00:05:00 的位置。将鼠标指针放在"01"文件的结束位置并单击，按 E 键，将所选编辑点移动到时间标签的位置，如图 3-42 所示。

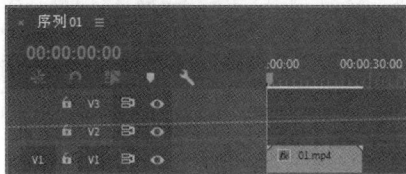

图 3-41

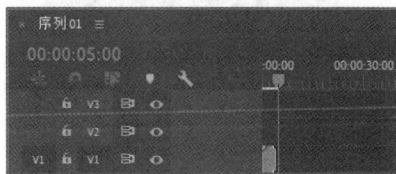

图 3-42

（5）在"项目"面板中，选中"02"文件并将其拖曳到"时间轴"面板中的"V1"轨道中，如图 3-43 所示。将时间标签放置在 00:00:10:00 的位置。将鼠标指针放在"02"文件的结束位置并单击，按 E 键，将所选编辑点移动到时间标签的位置，如图 3-44 所示。

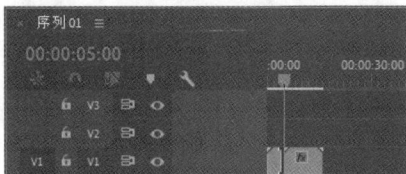

图 3-43

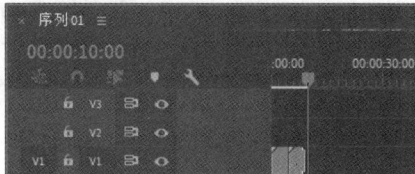

图 3-44

（6）用类似的方法将"03""04"文件添加到"时间轴"面板的"V1"轨道中，使"03""04"文件的结束位置分别对齐 00:00:15:00 和 00:00:20:00，如图 3-45 所示。分别选择"01""02""03""04"文件，选择"效果控件"面板，展开"运动"选项，将"缩放"选项设置为 70.0。将时间标签放置在 00:00:00:00 的位置。选择"效果"面板，展开"视频过渡"效果分类选项，单击"3D 运动"文件夹前面的右尖括号按钮▶将其展开，选中"立方体旋转"效果，如图 3-46 所示。

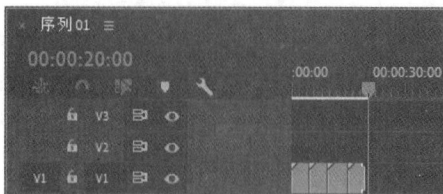

图 3-45

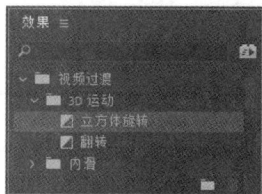

图 3-46

（7）将"立方体旋转"效果拖曳到"时间轴"面板中的"02"文件的开始位置，如图 3-47 所示。选中"时间轴"面板中的"立方体旋转"效果，如图 3-48 所示。

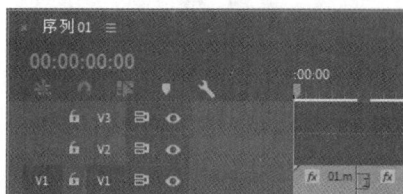

图 3-47

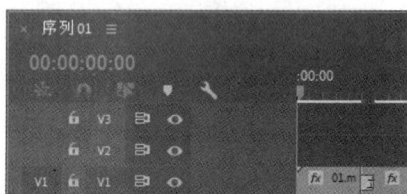

图 3-48

（8）在"效果控件"面板中，将"持续时间"选项设置为 00:00:03:00，"对齐"选项设置为"中心切入"，如图 3-49 所示，"时间轴"面板如图 3-50 所示。

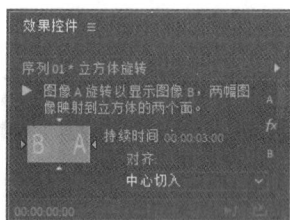

图 3-49

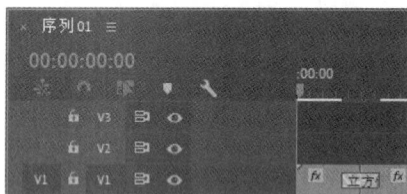

图 3-50

（9）在"效果"面板中，单击"划像"文件夹前面的右尖括号按钮▶将其展开，选中"圆划像"效果，如图 3-51 所示。将"圆划像"效果拖曳到"时间轴"面板中的"03"文件的开始位置，"时间轴"面板如图 3-52 所示。

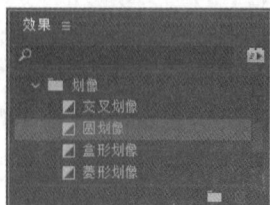

图 3-51

图 3-52

（10）在"效果"面板中，单击"擦除"文件夹前面的右尖括号按钮▶将其展开，选中"带状擦除"效果，如图 3-53 所示。将"带状擦除"效果拖曳到"时间轴"面板中的"04"文件的开始位置。

选中"时间轴"面板中的"带状擦除"效果。在"效果控件"面板中，将"持续时间"选项设置为00:00:02:00，"对齐"选项设置为"中心切入"，如图 3-54 所示。

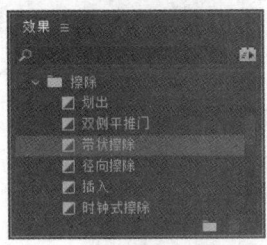

图 3-53

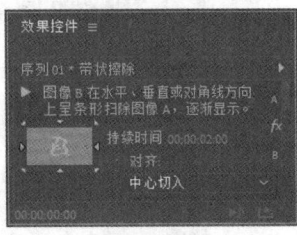

图 3-54

（11）在"效果"面板中，单击"沉浸式视频"文件夹前面的右尖括号按钮▶将其展开，选中"VR漏光"效果，如图 3-55 所示。将"VR 漏光"效果拖曳到"时间轴"面板中的"04"文件的结束位置，"时间轴"面板如图 3-56 所示。

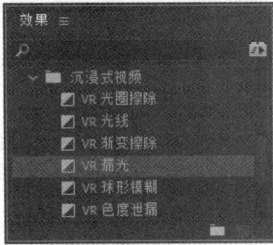

图 3-55

图 3-56

（12）在"项目"面板中，选中"05"文件并将其拖曳到"时间轴"面板中的"V2"轨道中，如图 3-57 所示。选中"时间轴"面板中的"05"文件，在"效果控件"面板中，展开"运动"选项，将"位置"选项设置为 1125.0 和 639.0，如图 3-58 所示。花世界电子相册制作完成。

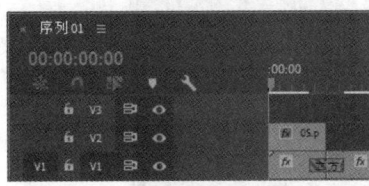

图 3-57

图 3-58

3.3.2　制作中秋纪念电子相册

【案例知识要点】

使用"导入"命令导入素材文件，使用"速度/持续时间"命令调整素材文件，使用"内滑"效果、"拆分"效果、"翻页"效果和"交叉缩放"效果设置素材之间的视频过渡效果，最终效果如图 3-59所示。

微课：制作中秋
纪念电子相册

图 3-59

【案例操作步骤】

（1）启动 Premiere Pro 2020，选择"文件>新建>项目"命令，弹出"新建项目"对话框，如图 3-60 所示，单击"确定"按钮，新建项目。选择"文件>新建>序列"命令，弹出"新建序列"对话框，单击"设置"选项卡，设置如图 3-61 所示，单击"确定"按钮，新建序列。

（2）选择"文件>导入"命令，弹出"导入"对话框，选择本书云盘中的"项目三/制作中秋纪念电子相册/素材/01~06"文件，如图 3-62 所示，单击"打开"按钮，将素材文件导入到"项目"面板中，如图 3-63 所示。

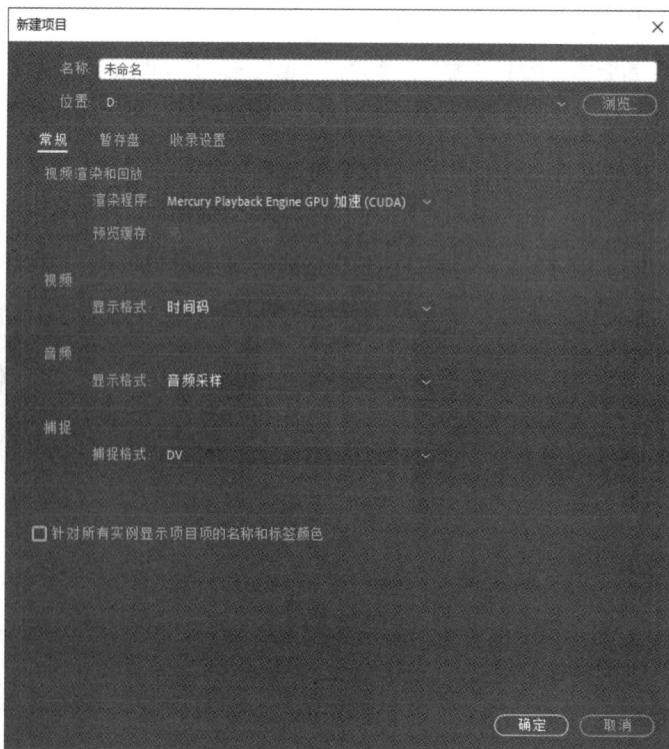

图 3-60

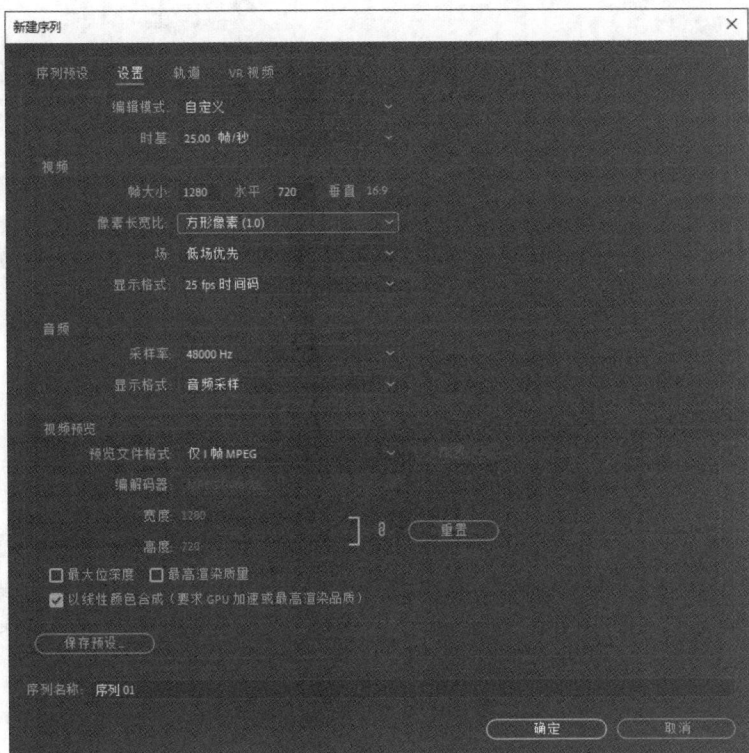

图 3-61

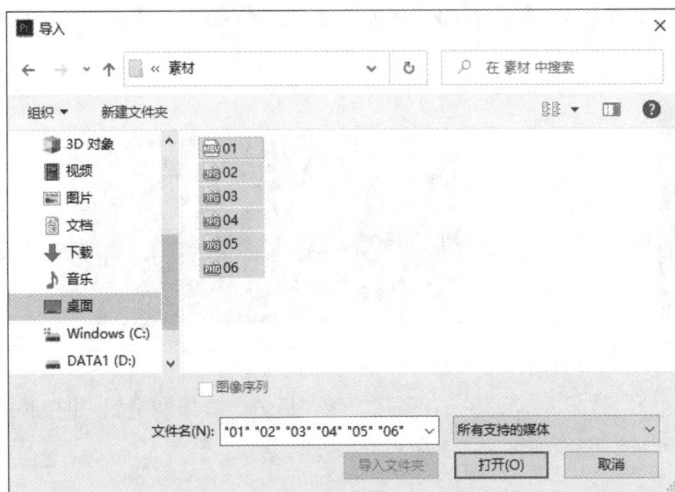

图 3-62

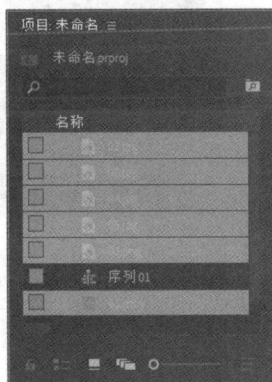

图 3-63

（3）在"项目"面板中，选中"01"文件并将其拖曳到"时间轴"面板中的"V1"轨道中，弹出"剪辑不匹配警告"对话框，单击"保持现有设置"按钮，在保持现有序列设置不变的情况下将文件放置在"V1"轨道中，如图 3-64 所示。

（4）选择"剪辑>速度/持续时间"命令，在弹出的"剪辑速度/持续时间"对话框中进行设置，如图 3-65 所示，设置完成后单击"确定"按钮。

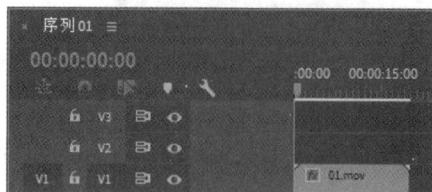

图 3-64

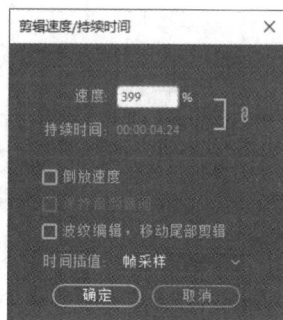

图 3-65

（5）在"项目"面板中，按住 Ctrl 键依次选中"02~05"文件，将其拖曳到"时间轴"面板中的"V1"轨道中，如图 3-66 所示。在"项目"面板中，选中"06"文件并将其拖曳到"时间轴"面板中的"V2"轨道中，如图 3-67 所示。

图 3-66

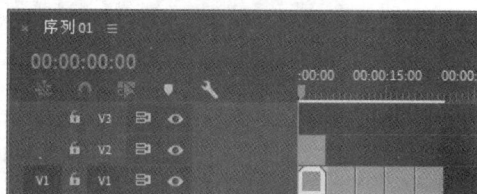

图 3-67

（6）选择"效果"面板，展开"视频过渡"效果分类选项，单击"内滑"文件夹前面的右尖括号按钮将其展开，选中"内滑"效果，如图 3-68 所示。将"内滑"效果拖曳到"时间轴"面板中的"02""03"文件之间，"时间轴"面板如图 3-69 所示。

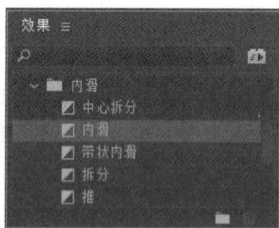

图 3-68

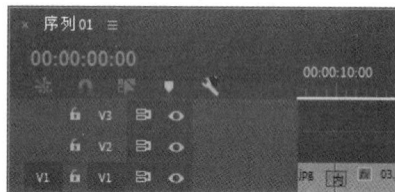

图 3-69

（7）在"效果"面板中，选中"拆分"效果，如图 3-70 所示。将"拆分"效果拖曳到"时间轴"面板中的"03""04"文件之间，"时间轴"面板如图 3-71 所示。

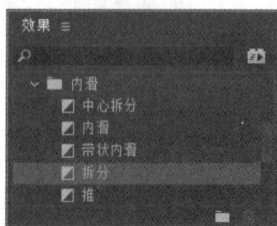

图 3-70

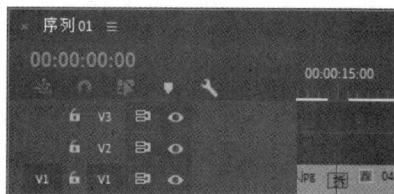

图 3-71

（8）在"效果"面板中，单击"页面剥落"文件夹前面的右尖括号按钮▷将其展开，选中"翻页"效果，如图 3-72 所示。将"翻页"效果拖曳到"时间轴"面板中的"04""05"文件之间，"时间轴"面板如图 3-73 所示。

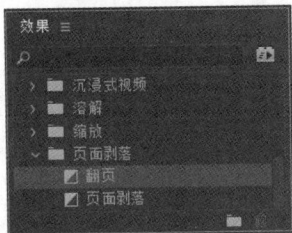

图 3-72

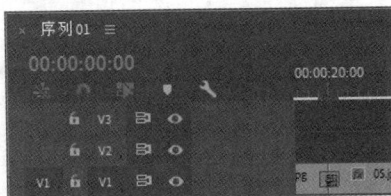

图 3-73

（9）在"效果"面板中，单击"缩放"文件夹前面的右尖括号按钮▷将其展开，选中"交叉缩放"效果，如图 3-74 所示。将"交叉缩放"效果拖曳到"时间轴"面板中的"06"文件的开始位置，"时间轴"面板如图 3-75 所示。中秋纪念电子相册制作完成。

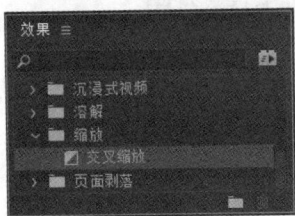

图 3-74

图 3-75

3.3.3　制作装饰家居电子相册

【案例知识要点】

使用"导入"命令导入素材文件，使用"带状滑动"效果、"推"效果、"交叉缩放"效果和"翻页"效果设置素材之间的视频过渡效果，使用"效果控件"面板编辑素材文件的画面大小，最终效果如图 3-76 所示。

微课：制作装饰
家居电子相册

图 3-76

【案例操作步骤】

（1）启动 Premiere Pro 2020，选择"文件>新建>项目"命令，弹出"新建项目"对话框，如图 3-77 所示，单击"确定"按钮，新建项目。选择"文件>新建>序列"命令，弹出"新建序列"对话框，单击"设置"选项卡，设置如图 3-78 所示，单击"确定"按钮，新建序列。

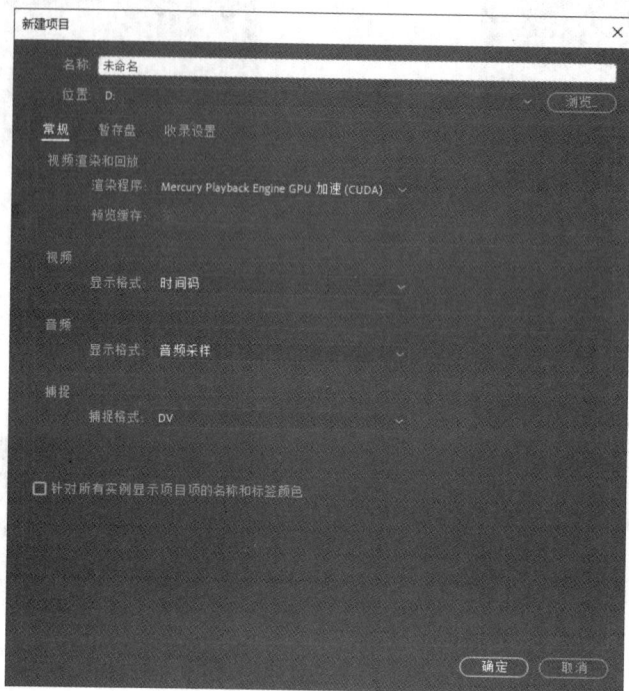

图 3-77

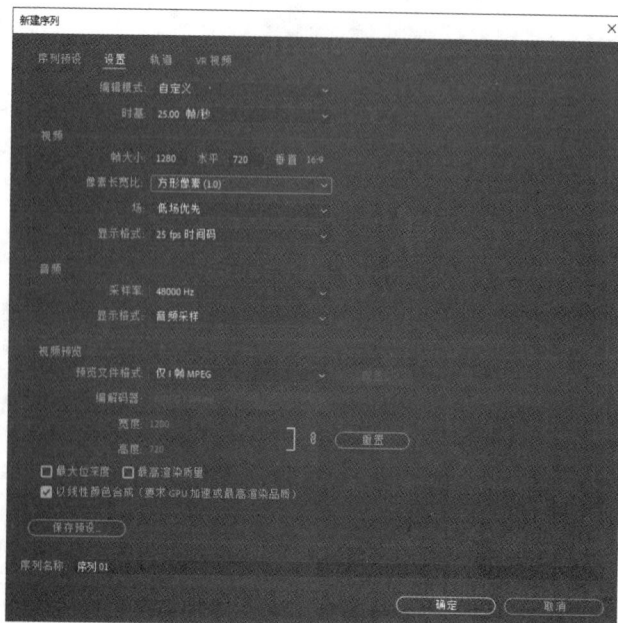

图 3-78

（2）选择"文件>导入"命令，弹出"导入"对话框，选择本书云盘中的"项目三/制作装饰家居电子相册/素材/01~05"文件，如图 3-79 所示，单击"打开"按钮，将素材文件导入到"项目"面板中，如图 3-80 所示。

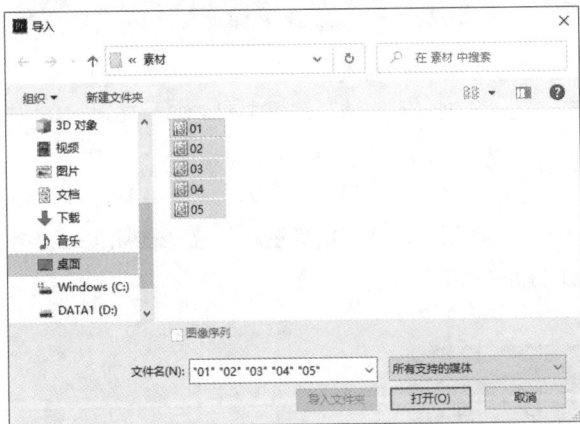

图 3-79

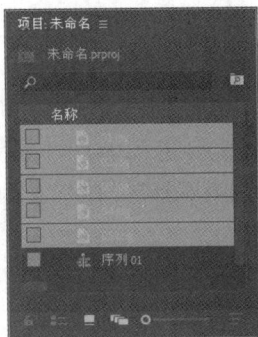

图 3-80

（3）在"项目"面板中，选中"01"文件并将其拖曳到"时间轴"面板中的"V1"轨道中，弹出"剪辑不匹配警告"对话框，单击"保持现有设置"按钮，在保持现有序列设置不变的情况下将"01"文件放置在"V1"轨道中，如图3-81所示。将时间标签放置在00:00:03:00的位置。在"项目"面板中，选中"02"文件并将其拖曳到"时间轴"面板中的"V2"轨道中，如图 3-82 所示。

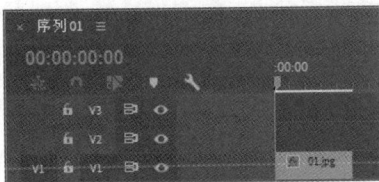

图 3-81

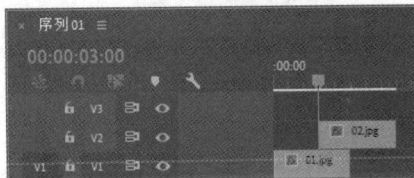

图 3-82

（4）将时间标签放置在 00:00:07:00 的位置。在"项目"面板中，选中"03"文件并将其拖曳到"时间轴"面板中的"V1"轨道中，如图 3-83 所示。将时间标签放置在 00:00:10:00 的位置。将鼠标指针放在"03"文件的结束位置单击，当鼠标指针呈◀状时，将其向左拖曳到 00:00:10:00 的位置，如图 3-84 所示。

图 3-83

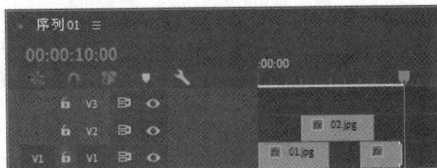

图 3-84

（5）在"项目"面板中，选中"04""05"文件，分别将其拖曳到"时间轴"面板中的"V1"轨道和"V3"轨道中，如图 3-85 所示。将时间标签放置在00:00:14:24的位置。将鼠标指针放在"05"文件的结束位置单击，按 E 键，将所选编辑点移动到时间标签的位置，如图 3-86 所示。

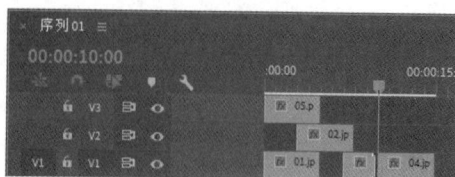

图 3-85

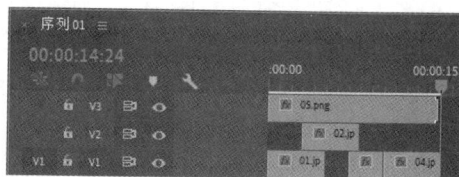

图 3-86

（6）将时间标签放置在 00:00:00:00 的位置。选中"时间轴"面板中的"05"文件，在"效果控件"面板中，展开"运动"选项，将"位置"选项设置为 1120.0 和 83.0，如图 3-87 所示。

（7）选择"效果"面板，展开"视频过渡"效果分类选项，单击"溶解"文件夹前面的右尖括号按钮 ❯ 将其展开，选中"白场过渡"效果，如图 3-88 所示。将"白场过渡"效果分别拖曳到"时间轴"面板中"01""05"文件的开始位置，如图 3-89 所示。

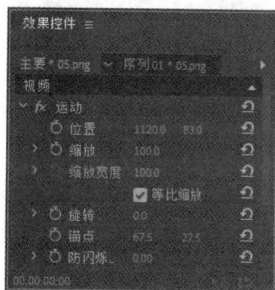

图 3-87

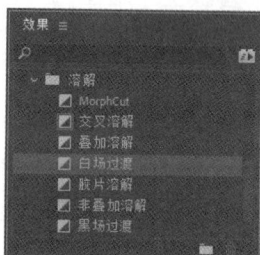

图 3-88

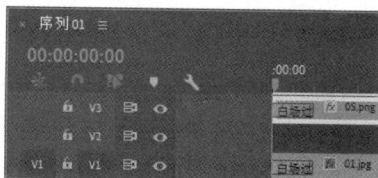

图 3-89

（8）在"效果"面板中，单击"划像"文件夹前面的右尖括号按钮 ❯ 将其展开，选中"菱形划像"效果，如图 3-90 所示。将"菱形划像"效果拖曳到"时间轴"面板中"02"文件的开始位置，如图 3-91 所示。

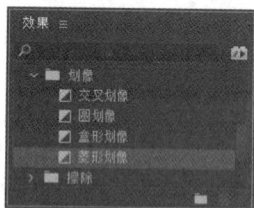

图 3-90

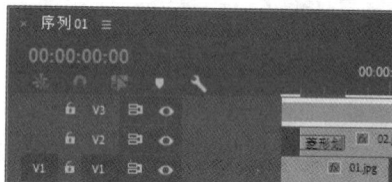

图 3-91

（9）在"效果"面板中，单击"缩放"文件夹前面的右尖括号按钮 ❯ 将其展开，选中"交叉缩放"效果，如图 3-92 所示。将"交叉缩放"效果拖曳到"时间轴"面板中"02"文件的结束位置，如图 3-93 所示。

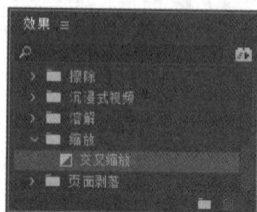

图 3-92

图 3-93

（10）在"效果"面板中，单击"内滑"文件夹前面的右尖括号按钮❯将其展开，选中"带状内滑"效果，如图 3-94 所示。将"带状内滑"效果拖曳到"时间轴"面板"03""04"文件之间，如图 3-95 所示。

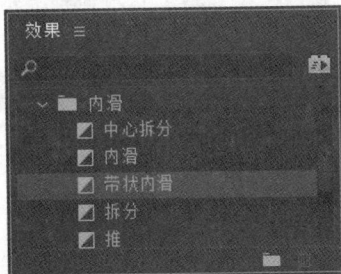

图 3-94

图 3-95

（11）在"效果"面板中，单击"溶解"文件夹前面的右尖括号按钮❯将其展开，选中"黑场过渡"效果，如图 3-96 所示。将"黑场过渡"效果分别拖曳到"时间轴"面板"04""05"文件的结束位置，如图 3-97 所示。装饰家居电子相册制作完成。

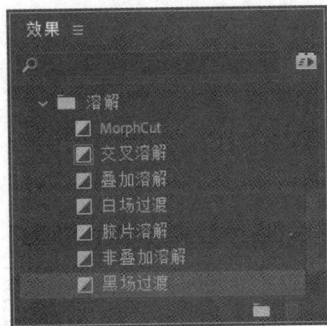

图 3-96

图 3-97

任务四　课后实战演练

3.4.1　制作京城韵味电子相册

【练习知识要点】

使用"导入"命令导入素材文件，使用"立方体旋转"效果、"圆划像"效果、"楔形擦除"效果、"百叶窗"效果、"风车"效果和"插入"效果设置素材之间的视频过渡效果，使用"效果控件"面板调整素材文件的画面大小，最终效果如图 3-98 所示。

图 3-98

微课：制作京城
韵味电子相册

【案例所在位置】

云盘中的"项目三/制作京城韵味电子相册/制作京城韵味电子相册.prproj"。

3.4.2　制作可爱猫咪电子相册

【练习知识要点】

使用"导入"命令导入素材文件，使用"交叉缩放"效果、"叠加溶解"效果、"翻页"效果和"VR色度泄漏"效果设置图片之间的视频过渡效果，使用"效果控件"面板调整视频过渡效果，最终效果如图 3-99 所示。

图 3-99

微课：制作可爱
猫咪电子相册

【案例所在位置】

云盘中的"项目三/制作可爱猫咪电子相册/制作可爱猫咪电子相册.prproj"。

04

项目四
制作短视频

短视频即短片视频，是一种在互联网新媒体上进行广泛传播的视频。本项目通过对 Premiere Pro 2020 中视频效果和关键帧的讲解，帮助读者在制作短视频的过程中掌握不同效果的应用方法；以不同类型的短视频为例，讲解短视频的构思方法和制作技巧。读者通过学习可以掌握短视频的制作要点，从而设计并制作出更直观有趣、更有冲击力的短视频。

知识目标

- ✔ 掌握应用视频效果的方法。
- ✔ 熟练掌握使用关键帧的技巧。
- ✔ 掌握短视频的构思方法和制作技巧。

技能目标

- ✔ 掌握视频效果的添加方法。
- ✔ 掌握视频效果的调整技巧。
- ✔ 掌握插入关键帧的方法。

素养目标

- ✔ 提高对各种视频效果应用场景的理解能力。
- ✔ 提高熟练运用剪辑技巧的应用能力。
- ✔ 提高对作品的调整和改进的能力。

任务一　应用视频效果

　　视频效果可以改变素材的曝光度或颜色，也可以制作出扭曲、模糊、杂色等艺术效果。本任务主要介绍 Premiere Pro 2020 中视频效果的内容和添加方法。

4.1.1　视频效果的内容

　　根据类型的不同，Premiere Pro 2020 将各种视频效果分别放在"效果"面板中的"视频效果"文件夹下的子文件夹中，如图 4-1 所示。用户可以根据想使用的效果类型，方便地进行查找。

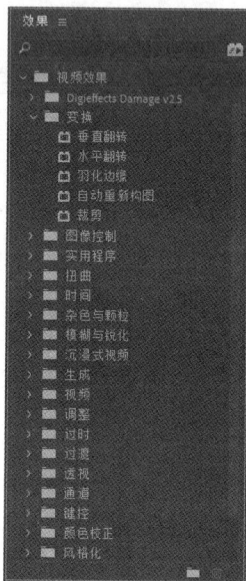

图 4-1

4.1.2　添加视频效果

　　为素材添加视频效果的方法很简单，只需从"效果"面板中拖曳一个效果到"时间轴"面板中的素材上即可。如果素材处于被选中状态，双击"效果"面板中的视频效果也可以将视频效果添加至素材。

任务二　使用关键帧

　　在 Premiere Pro 2020 中，可以插入、选择和编辑关键帧，本任务对关键帧的基本操作进行具体介绍。

4.2.1　关于关键帧

　　若要使效果随时间而改变，可以使用关键帧技术。当创建了一个关键帧后，就可以在确切的时间点上指定一个效果属性的值。当为多个关键帧赋予不同的值时，Premiere Pro 2020 会自动计算关键帧之间的值，这个处理过程称为"插补"。大多数效果都可以在素材的整个时间长度中设置关键帧。对于固定效果，如位置和缩放，除可以设置关键帧外，也可以移动、复制关键帧和改变插补的模式。

4.2.2　插入关键帧

为了设置动画效果属性，必须先插入属性的关键帧，"效果"面板中，任何支持关键帧的效果属性旁都有"切换动画"按钮 🕒，单击该按钮可插入一个关键帧。插入关键帧后，就可以在不同的时间标签处调整素材属性，效果如图 4-2 所示。

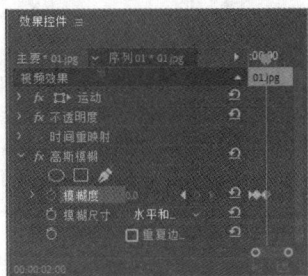

图 4-2

4.2.3　实训项目：制作都市生活短视频的卷帘转场效果

【案例知识要点】

使用"导入"命令导入素材文件，使用"标记入点""标记出点"命令调整素材文件，使用"偏移"效果"方向模糊"效果和"效果控件"面板制作卷帘转场效果，最终效果如图 4-3 所示。

微课：制作都市生活
短视频的卷帘转场效果

图 4-3

【案例操作步骤】

1. 添加并调整素材

（1）启动 Premiere Pro 2020，选择"文件>新建>项目"命令，弹出"新建项目"对话框，如图 4-4 所示，单击"确定"按钮，新建项目。

（2）选择"文件>导入"命令，弹出"导入"对话框，选择本书云盘中的"项目四/制作都市生活短视频的卷帘转场效果/素材/01~03"文件，如图 4-5 所示，单击"打开"按钮，将素材文件导入

"项目"面板中，如图 4-6 所示。双击"项目"面板中的"01"文件，在"源监视器"窗口中打开"01"文件。将时间标签放置在 00:00:02:00 的位置。按 I 键，标记入点，如图 4-7 所示。

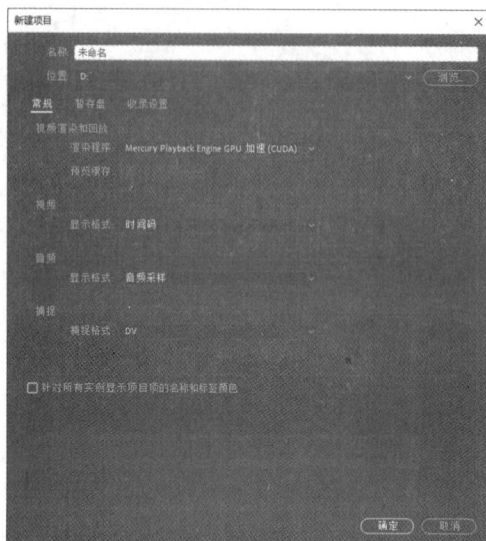

图 4-4

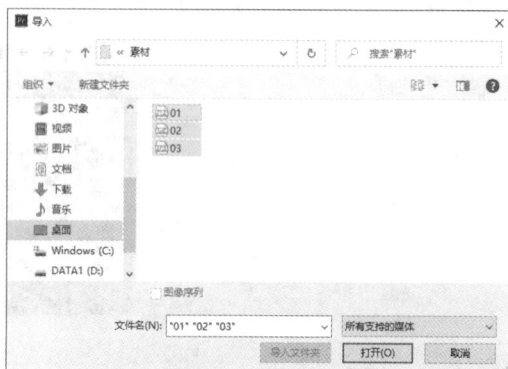

图 4-5

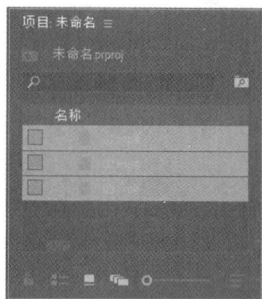

图 4-6

图 4-7

（3）将时间标签放置在 00:00:07:00 的位置。按 O 键，标记出点，如图 4-8 所示。选中"源监视器"窗口中的"01"文件并将其拖曳到"时间轴"面板中，生成"01"序列，同时"01"文件被放置到"V1"轨道中，如图 4-9 所示。

图 4-8

图 4-9

（4）双击"项目"面板中的"02"文件，在"源监视器"窗口中打开"02"文件。将时间标签放置在00:01:00:00的位置。按I键，标记入点。将时间标签放置在00:01:05:00的位置。按O键，标记出点，如图4-10所示。选中"源监视器"窗口中的"02"文件并将其拖曳到"时间轴"面板的"V1"轨道中，如图4-11所示。

图4-10

图4-11

（5）双击"项目"面板中的"03"文件，在"源监视器"窗口中打开"03"文件。将时间标签放置在00:00:30:05的位置。按I键，标记入点。将时间标签放置在00:00:35:05的位置。按O键，标记出点，如图4-12所示。选中"源监视器"窗口中的"03"文件并将其拖曳到"时间轴"面板的"V1"轨道中，如图4-13所示。

图4-12

图4-13

2. 制作卷帘转场效果

（1）选择"项目"面板，选择"文件>新建>调整图层"命令，弹出"调整图层"对话框，如图4-14所示，单击"确定"按钮，在"项目"面板中新建调整图层，如图4-15所示。

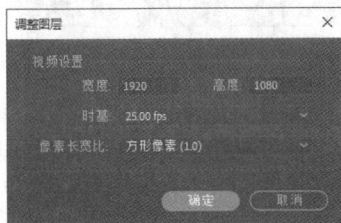

图4-14

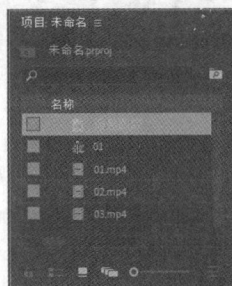

图4-15

（2）将时间标签放置在 00:00:04:16 的位置。选中"项目"面板中的"调整图层"文件，将其拖曳到"时间轴"面板中的"V2"轨道中，如图 4-16 所示。将时间标签放置在 00:00:05:10 的位置。将鼠标指针放在"调整图层"文件的结束位置并单击，当鼠标指针呈◀状时，将其向左拖曳到 00:00:05:10 的位置，如图 4-17 所示。

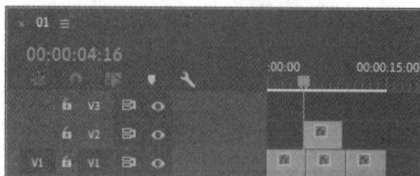
图 4-16

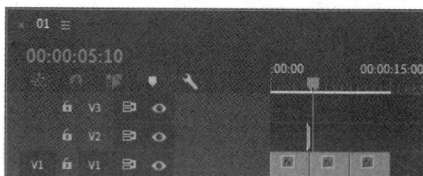
图 4-17

（3）选择"效果"面板，展开"视频效果"分类选项，单击"扭曲"文件夹前面的右尖括号按钮▶将其展开，选中"偏移"效果，如图 4-18 所示。将"偏移"效果拖曳到"时间轴"面板"V2"轨道中的"调整图层"文件上，如图 4-19 所示。

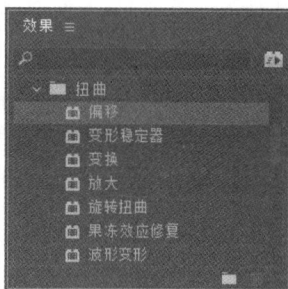
图 4-18

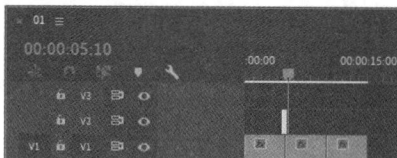
图 4-19

（4）将时间标签放置在 00:00:04:16 的位置。选中"时间轴"面板中的"调整图层"文件。选择"效果控件"面板，展开"偏移"选项，单击"将中心移位至"选项左侧的"切换动画"按钮⏱，记录第 1 个动画关键帧，如图 4-20 所示。将时间标签放置在 00:00:05:08 的位置。"将中心移位至"选项设置为 960.0 和 2880.0，记录第 2 个动画关键帧，如图 4-21 所示。

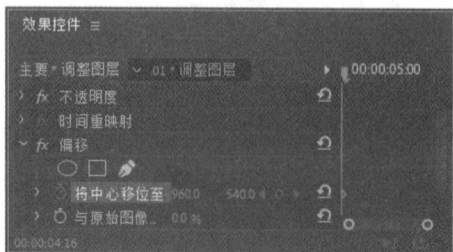
图 4-20

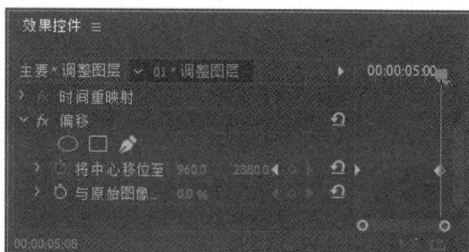
图 4-21

（5）单击"与原始图像混合"选项左侧的"切换动画"按钮⏱，记录第 1 个动画关键帧，如图 4-22 所示。将时间标签放置在 00:00:05:09 的位置，将"与原始图像混合"选项设置为 100.0%，记录第 2 个动画关键帧，如图 4-23 所示。

（6）在"效果"面板中，单击"模糊与锐化"文件夹前面的右尖括号按钮▶将其展开，选中"方向模糊"效果,如图 4-24 所示。将"方向模糊"效果拖曳到"时间轴"面板"V2"轨道中的"调整图层"文件上。在"效果控件"面板中,展开"方向模糊"选项,将"模糊长度"选项设置为 50.0,如图 4-25 所示。

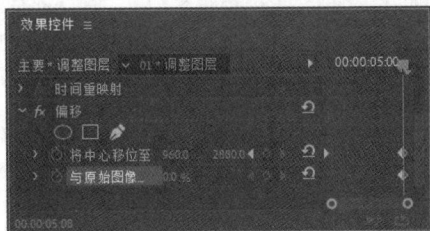

图 4-22

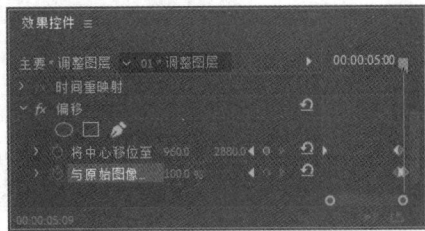

图 4-23

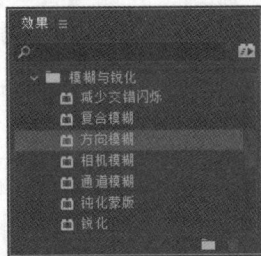

图 4-24

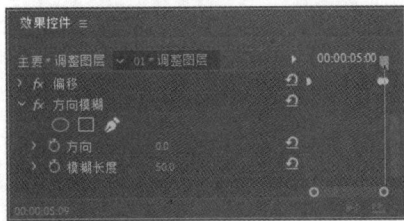

图 4-25

(7)选中"时间轴"面板中的"调整图层"文件,按 Ctrl+C 组合键,复制"调整图层"文件,如图 4-26 所示。分别单击"V1""V2"轨道左侧的轨道名称,将"V2"轨道设置为目标轨道,如图 4-27 所示。将时间标签放置在 00:00:09:18 的位置。按 Ctrl+V 组合键,粘贴复制的文件,如图 4-28 所示。都市生活短视频的卷帘转场效果制作完成。

图 4-26

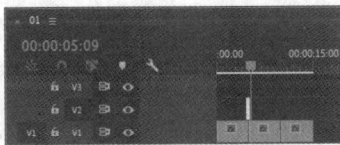

图 4-27

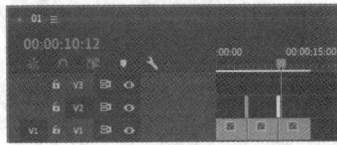

图 4-28

任务三　综合实训项目

4.3.1　制作汤圆短视频

【案例知识要点】

使用"导入"命令导入素材文件,使用"不透明度"选项制作文字动画效果,使用"高斯模糊"效果和"方向模糊"效果制作素材文件的模糊效果,最终效果如图 4-29 所示。

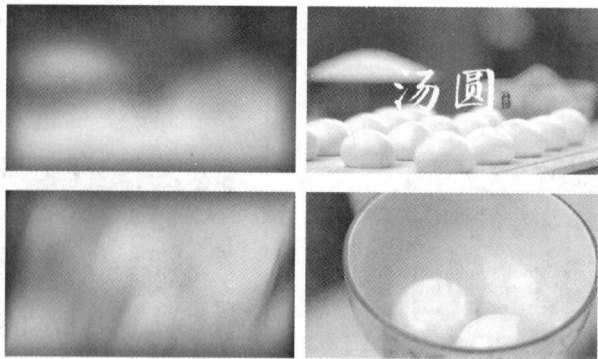

微课：制作汤圆
短视频

图 4-29

【案例操作步骤】

（1）启动 Premiere Pro 2020，选择"文件>新建>项目"命令，弹出"新建项目"对话框，如图 4-30 所示，单击"确定"按钮，新建项目。选择"文件>新建>序列"命令，弹出"新建序列"对话框，单击"设置"选项卡，设置如图 4-31 所示，单击"确定"按钮，新建序列。

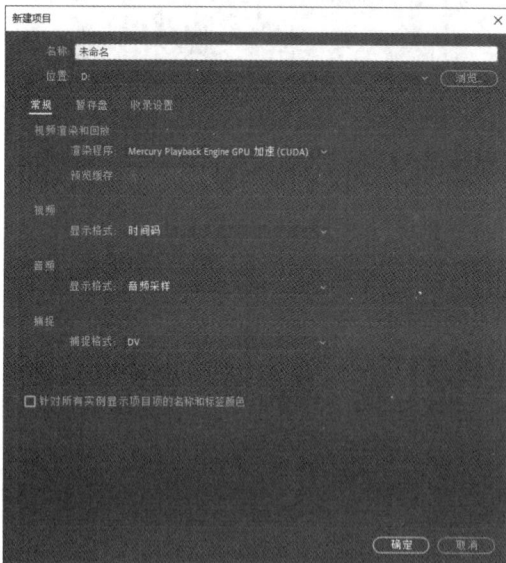

图 4-30

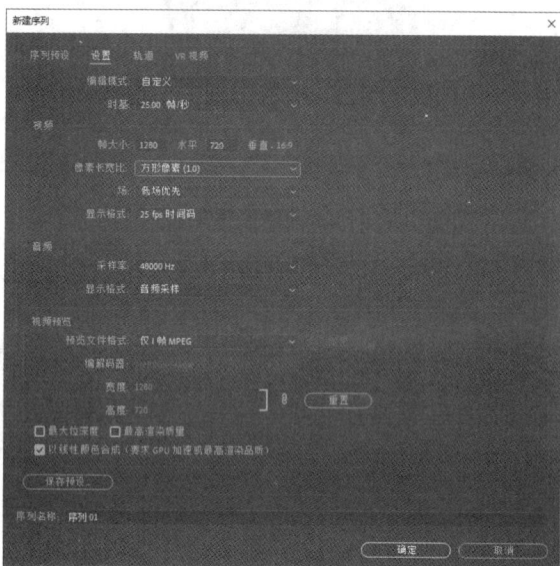

图 4-31

（2）选择"文件>导入"命令，弹出"导入"对话框，选择本书云盘中的"项目四/制作汤圆短视频/素材/01~03"文件，如图 4-32 所示，单击"打开"按钮，将素材文件导入到"项目"面板中，如图 4-33 所示。

（3）在"项目"面板中，选中"01"文件并将其拖曳到"时间轴"面板中的"V1"轨道中，弹出"剪辑不匹配警告"对话框，单击"保持现有设置"按钮，在保持现有序列设置不变的情况下将"01"文件放置在"V1"轨道中，如图 4-34 所示。将时间标签放置在 00:00:07:16 的位置。将鼠标指针放置在"01"文件的结束位置，当鼠标指针呈◄状时单击，按 E 键，将所选编辑点移动到时间标签所在的位置，如图 4-35 所示。

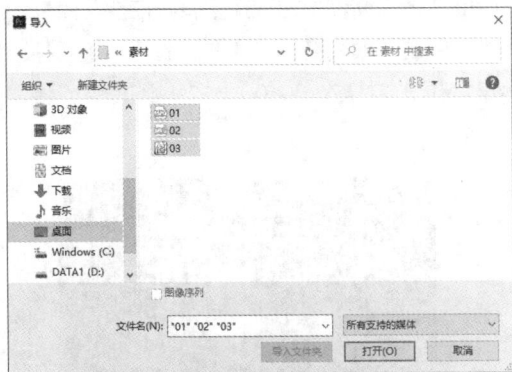

图 4-32

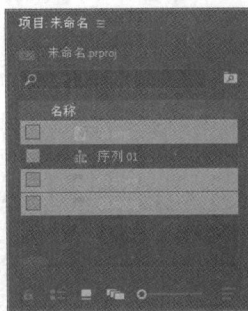

图 4-33

图 4-34

图 4-35

（4）在"项目"面板中，选中"02"文件并将其拖曳到"时间轴"面板中的"V1"轨道中，如图 4-36 所示。在"项目"面板中，选中"03"文件并将其拖曳到"时间轴"面板中的"V2"轨道中，如图 4-37 所示。

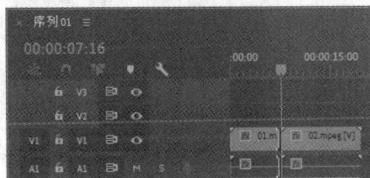

图 4-36

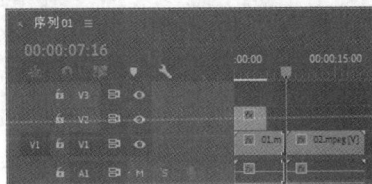

图 4-37

（5）将时间标签放置在 00:00:02:23 的位置。将鼠标指针放置在"03"文件的结束位置，当鼠标指针呈◀状时单击，按 E 键，将所选编辑点移动到时间标签所在的位置，如图 4-38 所示。将时间标签放置在 00:00:00:00 的位置。选择"效果"面板，展开"视频效果"分类选项，单击"模糊与锐化"文件夹前面的右尖括号按钮▶将其展开，选中"高斯模糊"效果，如图 4-39 所示。

图 4-38

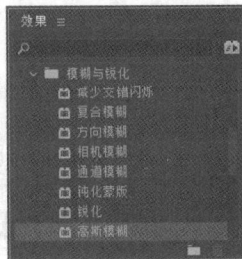

图 4-39

（6）将"高斯模糊"效果拖曳到"时间轴"面板中的"01"文件上。选择"效果控件"面板，展开"高斯模糊"选项，将"模糊度"选项设置为 200.0，单击"模糊度"选项左侧的"切换动画"按钮，记录第 1 个动画关键帧，如图 4-40 所示。将时间标签放置在 00：00：01：15 的位置，将"模糊度"选项设置为 0.0，记录第 2 个动画关键帧，如图 4-41 所示。

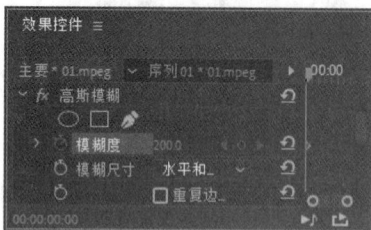

图 4-40

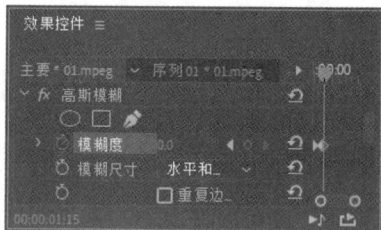

图 4-41

（7）将时间标签放置在 00：00：07：16 的位置。在"效果"面板中，展开"视频效果"分类选项，单击"模糊与锐化"文件夹前面的右尖括号按钮将其展开，选中"方向模糊"效果，如图 4-42 所示。将"方向模糊"效果拖曳到"时间轴"面板中的"02"文件上。

（8）在"效果控件"面板中，展开"方向模糊"选项，将"方向"选项设置为 0.0，"模糊长度"选项设置为200.0，单击"方向"和"模糊长度"选项左侧的"切换动画"按钮，记录第 1 个动画关键帧，如图 4-43 所示。将时间标签放置在 00：00：09：20 的位置，将"方向"选项设置为 30.0°，"模糊长度"选项设置为 0.0，记录第 2 个动画关键帧，如图 4-44 所示。

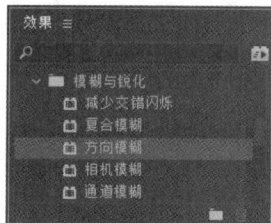

图 4-42

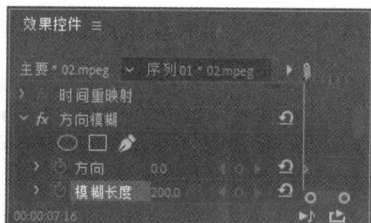

图 4-43

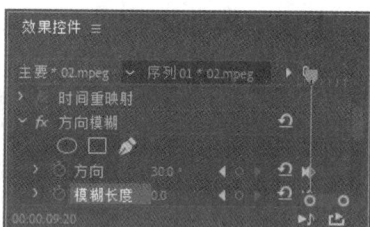

图 4-44

（9）将时间标签放置在 00：00：00：00 的位置。选中"时间轴"面板中的"03"文件。在"效果控件"面板中，展开"不透明度"设置，将"不透明度"选项设置为 0.0%，单击"不透明度"选项左侧的"切换动画"按钮，记录第 1 个动画关键帧，如图 4-45 所示。将时间标签放置在00：00：00：18 的位置，将"不透明度"选项设置为 100.0%，记录第 2 个动画关键帧，如图 4-46 所示。汤圆短视频制作完成。

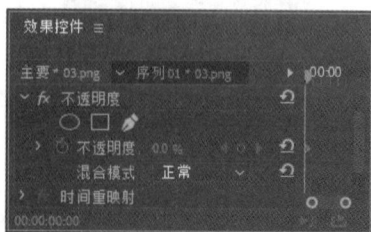

图 4-45

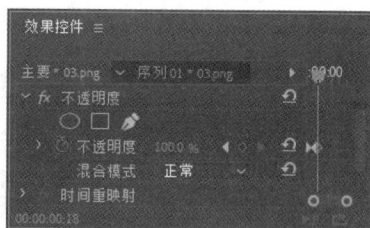

图 4-46

4.3.2 制作古风美景短视频

【案例知识要点】

使用"导入"命令导入素材文件，使用"查找边缘"效果、"色阶"效果、"自动颜色"效果和"色彩"效果制作绘画效果，使用"效果控件"面板和"高斯模糊"效果制作文字效果，最终效果如图 4-47 所示。

微课：制作古风
美景短视频

图 4-47

【案例操作步骤】

（1）启动 Premiere Pro 2020，选择"文件>新建>项目"命令，弹出"新建项目"对话框，如图 4-48 所示，单击"确定"按钮，新建项目。选择"文件>新建>序列"命令，弹出"新建序列"对话框，单击"设置"选项卡，设置如图 4-49 所示，单击"确定"按钮，新建序列。

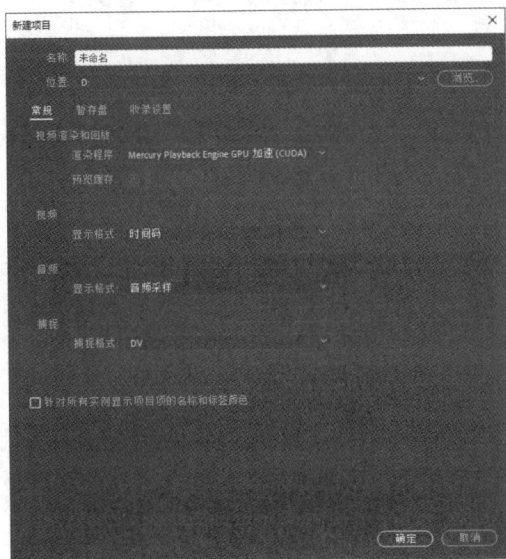

图 4-48

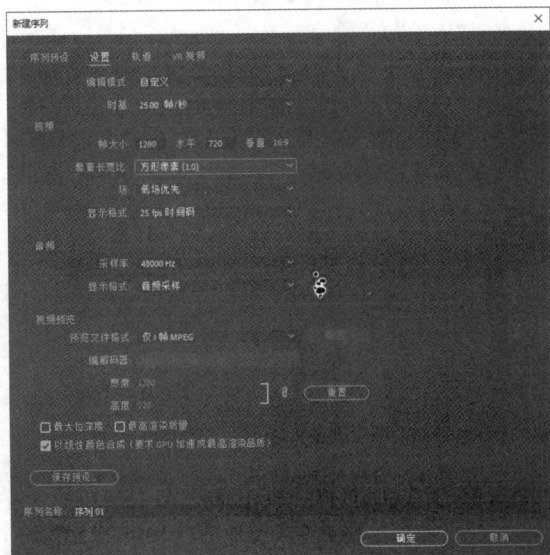

图 4-49

（2）选择"文件>导入"命令，弹出"导入"对话框，选择本书云盘中的"项目四/制作古风美景短视频/素材/01 和 02"文件，如图 4-50 所示，单击"打开"按钮，将素材文件导入到"项目"面板中，如图 4-51 所示。

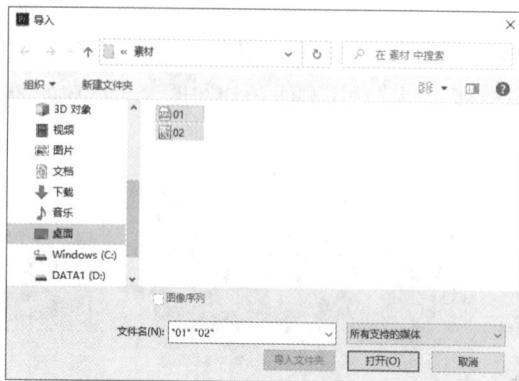

图 4-50

图 4-51

（3）在"项目"面板中，选中"01"文件并将其拖曳到"时间轴"面板中的"V1"轨道中，弹出"剪辑不匹配警告"对话框，单击"保持现有设置"按钮，在保持现有序列设置不变的情况下将"01"文件放置在"V1"轨道中，如图 4-52 所示。

（4）在"V1"轨道中的"01"文件上单击鼠标右键，在弹出的菜单中选择"取消链接"命令，取消视频和音频的链接。选中"A1"轨道中的文件，按 Delete 键删除音频，如图 4-53 所示。

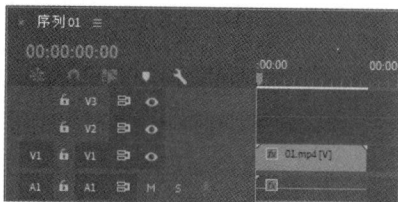

图 4-52

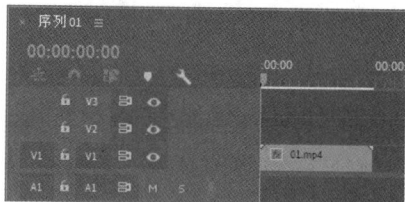

图 4-53

（5）选择"效果"面板，展开"视频效果"分类选项，单击"风格化"文件夹前面的右尖括号按钮▶将其展开，选中"查找边缘"效果，如图 4-54 所示。将"查找边缘"效果拖曳到"时间轴"面板中的"01"文件上。

（6）选择"效果控件"面板，展开"查找边缘"选项，单击"与原始图像混合"选项左侧的"切换动画"按钮🕐，记录第 1 个动画关键帧，如图 4-55 所示。将时间标签放置在 00:00:01:00 的位置，将"与原始图像混合"选项设置为 100%，记录第 2 个动画关键帧，如图 4-56 所示。

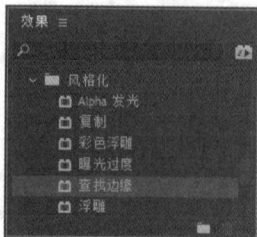

图 4-54

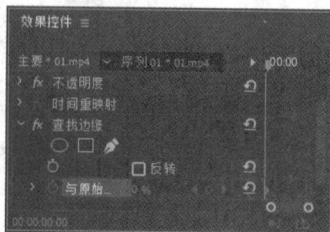

图 4-55

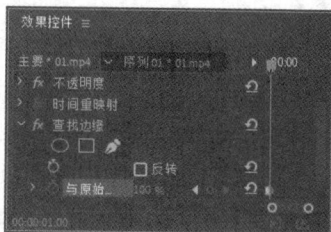

图 4-56

（7）在"效果"面板中，展开"视频效果"分类选项，单击"调整"文件夹前面的右尖括号按钮▶将其展开，选中"色阶"效果，如图 4-57 所示。将"色阶"效果拖曳到"时间轴"面板中的"01"文件上。在"效果控件"面板中，展开"色阶"效果，将"（RGB）输入黑色阶"选项设置为 15，其他设置如图 4-58 所示。

图 4-57

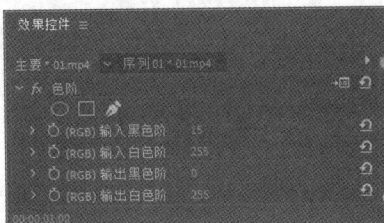

图 4-58

（8）在"效果"面板中，展开"视频效果"分类选项，单击"过时"文件夹前面的右尖括号按钮▶将其展开，选中"自动颜色"效果，如图 4-59 所示。将"自动颜色"效果拖曳到"时间轴"面板中的"01"文件上。

（9）将时间标签放置在 00:00:00:00 的位置。在"效果"面板中，展开"视频效果"分类选项，单击"颜色校正"文件夹前面的右尖括号按钮▶将其展开，选中"色彩"效果，如图 4-60 所示。将"色彩"效果拖曳到"时间轴"面板中的"01"文件上。

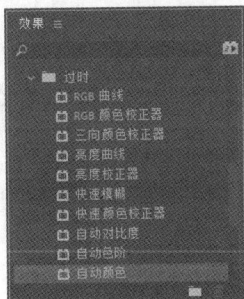

图 4-59

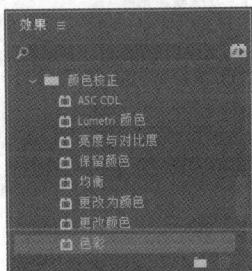

图 4-60

（10）在"效果控件"面板中，展开"色彩"选项，单击"着色量"选项左侧的"切换动画"按钮，如图 4-61 所示，记录第 1 个动画关键帧。将时间标签放置在 00:00:01:00 的位置，将"着色量"选项设置为 0.0%，如图 4-62 所示，记录第 2 个动画关键帧。

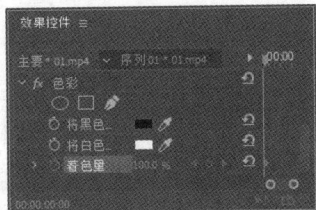

图 4-61

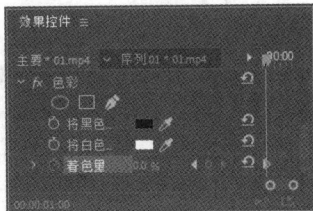

图 4-62

（11）在"项目"面板中，选中"02"文件并将其拖曳到"时间轴"面板中的"V2"轨道中，如图 4-63 所示。选中"时间轴"面板中的"02"文件。在"效果控件"面板中，展开"运动"选项，将"位置"选项设置为 933.0 和 360.0，如图 4-64 所示。

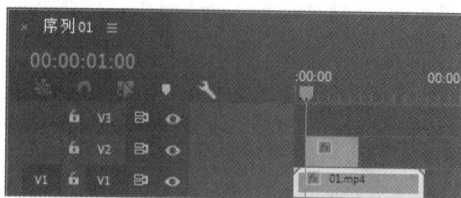

图 4-63　　　　　　　　　　　　　　　　图 4-64

（12）在"效果"面板中，展开"视频效果"分类选项，单击"模糊与锐化"文件夹前面的右尖括号按钮 ❯ 将其展开，选中"高斯模糊"效果，如图 4-65 所示。将"高斯模糊"效果拖曳到"时间轴"面板中的"02"文件上。

（13）在"效果控件"面板中，展开"高斯模糊"选项，将"模糊度"选项设置为 300.0，单击"模糊度"选项左侧的"切换动画"按钮 ⏱，记录第 1 个动画关键帧，如图 4-66 所示。将时间标签放置在 00:00:01:10 的位置，将"模糊度"选项设置为 0.0，记录第 2 个动画关键帧，如图 4-67 所示。古风美景短视频制作完成。

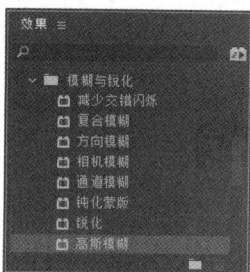

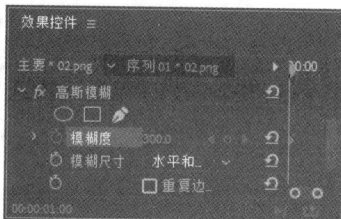

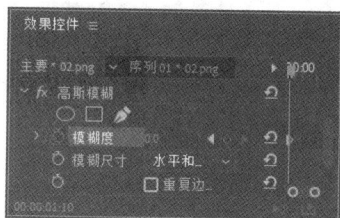

图 4-65　　　　　　　图 4-66　　　　　　　图 4-67

4.3.3　制作低碳生活短视频

【案例知识要点】

使用"导入"命令导入素材文件，使用剪辑点调整素材，使用"投影"效果为素材添加投影效果，使用"效果控件"面板制作风车和云动画，最终效果如图 4-68 所示。

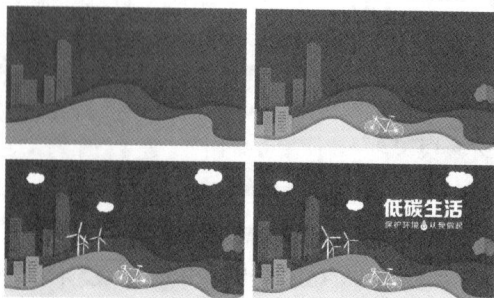

图 4-68

微课：制作低碳
生活短视频

【案例操作步骤】

1. 新建项目并导入素材

（1）启动 Premiere Pro 2020，选择"文件>新建>项目"命令，弹出"新建项目"对话框，如图 4-69 所示，单击"确定"按钮，新建项目。选择"文件>新建>序列"命令，弹出"新建序列"对话框，单击"设置"选项卡，设置如图 4-70 所示，单击"确定"按钮，新建序列。

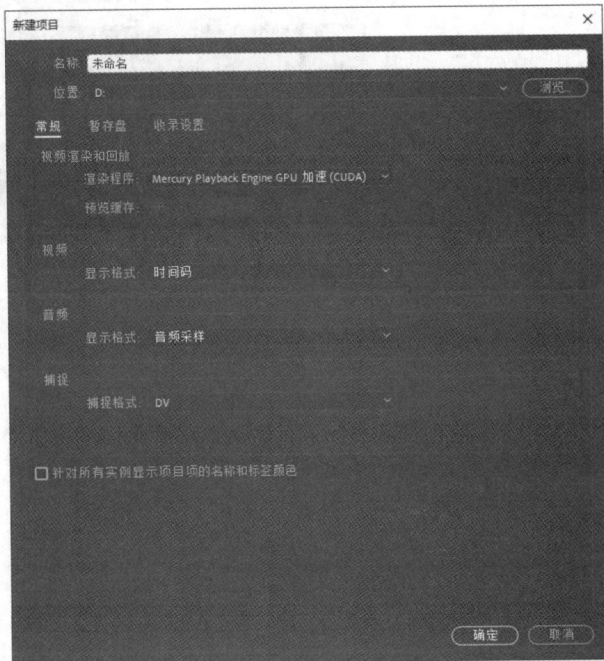

图 4-69

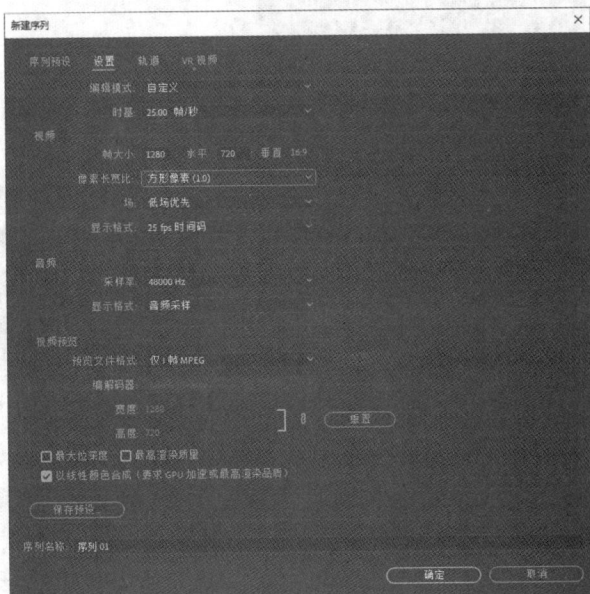

图 4-70

（2）选择"文件>导入"命令，弹出"导入"对话框，选择本书云盘中的"项目四/制作低碳生活短视频/素材/01 和 02"文件，如图 4-71 所示，单击"打开"按钮，弹出"导入分层文件"对话框，选项设置如图 4-72 所示。单击"确定"按钮，将素材文件导入到"项目"面板中，如图 4-73 所示。

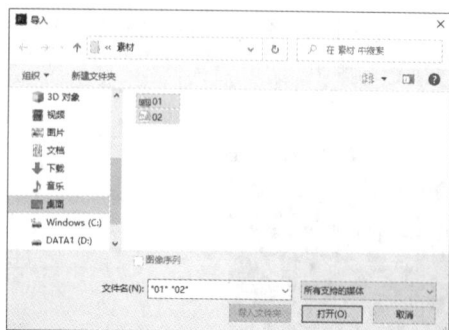
图 4-71

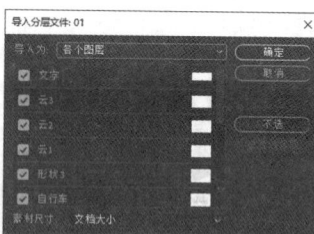
图 4-72

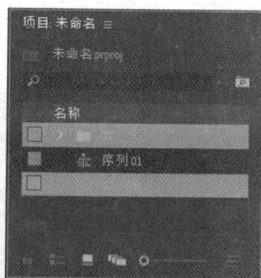
图 4-73

2. 制作风车和云动画

（1）选择"文件>新建>序列"命令，弹出"新建序列"对话框，单击"设置"选项卡，设置如图 4-74 所示，单击"确定"按钮，新建序列。在"项目"面板中，展开 01 文件夹，分别选中"支柱/01"和"叶片/01"文件并将它们分别拖曳到"时间轴"面板中的"V1"和"V2"轨道中，如图 4-75 所示。

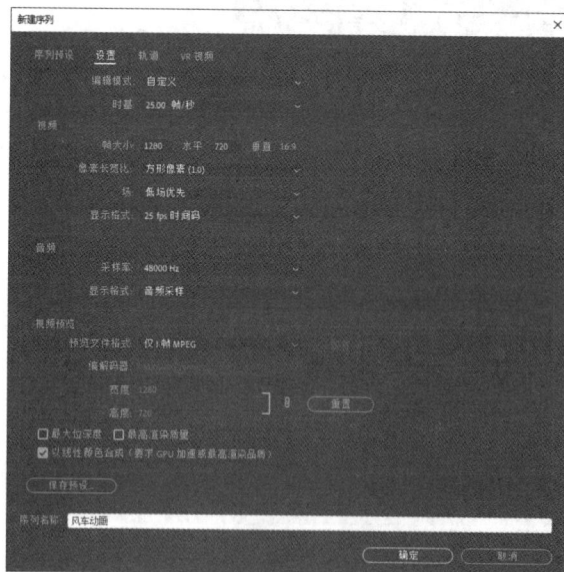
图 4-74

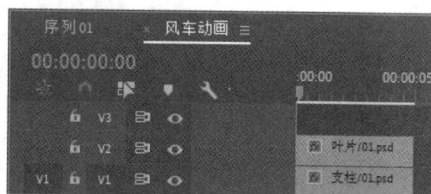
图 4-75

（2）选中"时间轴"面板中的"叶片/01"文件。选择"效果控件"面板，展开并选中"运动"选项，在"节目监视器"窗口中显示整个画面的编辑框，移动编辑框的中心点到适当的位置，如图 4-76 所示。单击"旋转"选项左侧的"切换动画"按钮，记录第 1 个动画关键帧，如图 4-77 所示。将时间标签放置在 00:00:04:23 的位置，将"旋转"选项设置为 1x240.0°，记录第 2 个动画关键帧，如图 4-78 所示。

图 4-76

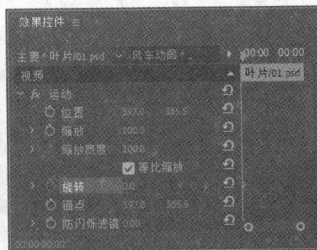
图 4-77

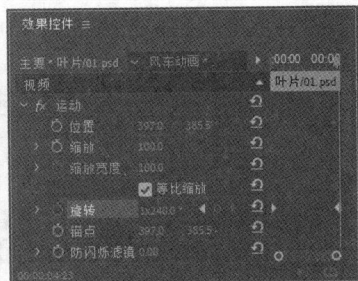
图 4-78

（3）选择"文件>新建>序列"命令，弹出"新建序列"对话框，单击"设置"选项卡，设置如图 4-79 所示，单击"确定"按钮，新建序列。在"项目"面板中，选中"云 1/01""云 2/01""云 3/01"文件并将它们分别拖曳到"时间轴"面板中的"V1""V2""V3"轨道中，如图 4-80 所示。

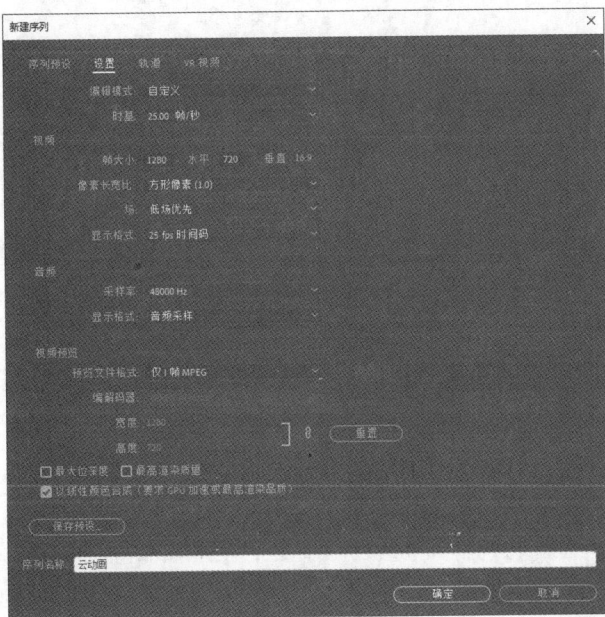
图 4-79

图 4-80

（4）选中"时间轴"面板中的"云 1/01"文件。在"效果控件"面板中，展开"运动"选项，单击"位置"选项左侧的"切换动画"按钮 ⏱，记录第 1 个动画关键帧，如图 4-81 所示。

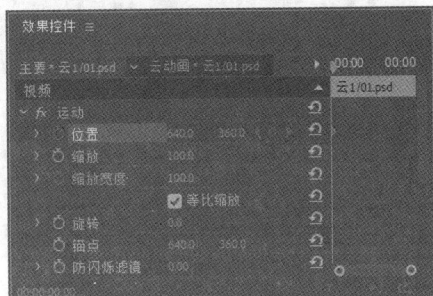
图 4-81

（5）将时间标签放置在 00:00:02:12 的位置。将"位置"选项设置为 640.0 和 400.0，记录第 2 个动画关键帧，如图 4-82 所示。将时间标签放置在 00:00:04:24 的位置。将"位置"选项设置为 640.0 和 360.0，记录第 3 个动画关键帧，如图 4-83 所示。使用类似的方法制作"云 2/01"文件和"云 3/01"文件动画。

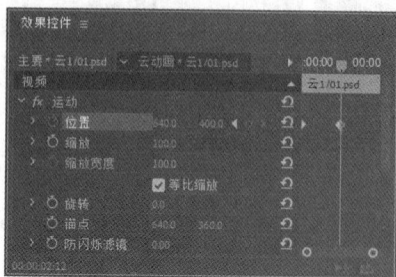

图 4-82

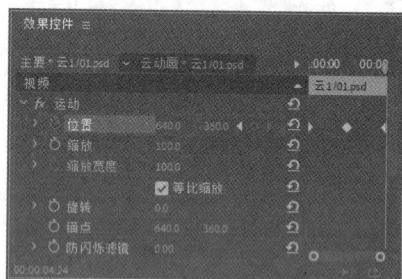

图 4-83

3. 制作合成效果和动画

（1）在"项目"面板中，选中"背景/01"文件并将其拖曳到"时间轴"面板的"V1"轨道中，如图 4-84 所示。将时间标签放置在 00:00:00:06 的位置。选中"楼房 1/01"文件并将其拖曳到"时间轴"面板的"V2"轨道中，如图 4-85 所示。

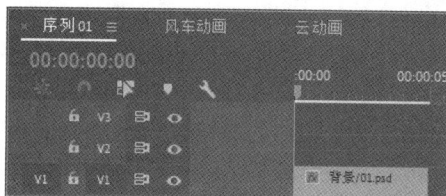

图 4-84

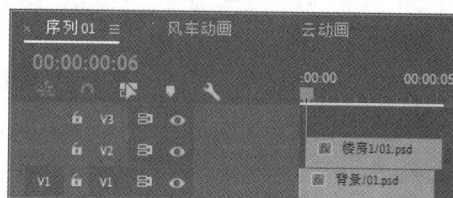

图 4-85

（2）将鼠标指针放在"楼房 1/01"文件的结束位置。当鼠标指针呈◄状时，将其向左拖曳到"背景/01"文件的结束位置，如图 4-86 所示。选择"序列>添加轨道"命令，在弹出的"添加轨道"对话框中进行设置，如图 4-87 所示，单击"确定"按钮，在"时间轴"面板中添加 10 条视频轨道。使用类似的方法把其他文件分别拖曳到不同的视频轨道中，如图 4-88 所示。

图 4-86

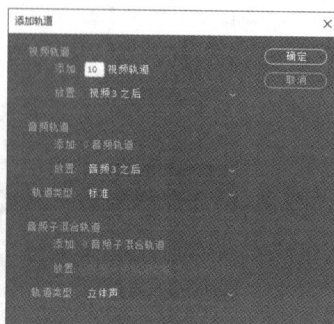

图 4-87

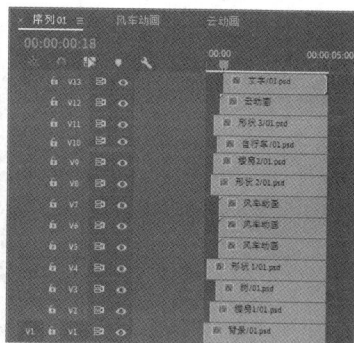

图 4-88

（3）将时间标签放置在 00:00:04:24 的位置。选择"效果"面板，展开"视频效果"分类选项，单击"透视"文件夹前面的右尖括号按钮▷将其展开，选中"投影"效果，如图 4-89 所示。将"投影"效果拖曳到"时间轴"面板"V3"轨道中的"树/01"文件上。选择"效果控件"面板，展开"投影"选项，设置如图 4-90 所示，"节目监视器"窗口中的效果如图 4-91 所示。

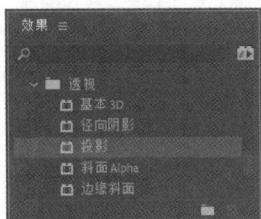
图 4-89

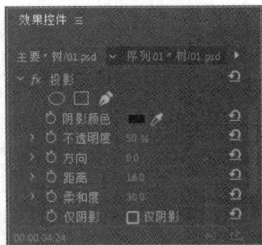
图 4-90

图 4-91

（4）使用类似的方法为"形状 1/01""形状 2/01""楼房 2/01""形状 3/01"文件添加投影效果，"时间轴"面板如图 4-92 所示，"节目监视器"窗口中的效果如图 4-93 所示。

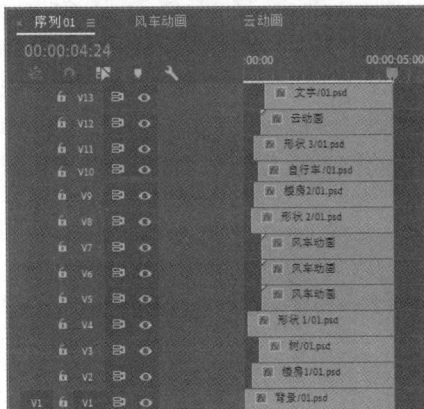
图 4-92

图 4-93

（5）选中"时间轴"面板"V6"轨道中的"风车动画"文件，在"效果控件"面板中，展开"运动"选项，将"位置"选项设置为 571.0 和 418.0，"缩放"选项设置为 60.0，如图 4-94 所示。

（6）选中"时间轴"面板"V7"轨道中的"风车动画"文件。在"效果控件"面板中，展开"运动"选项，将"位置"选项设置为 688.0 和 380.0，"缩放"选项设置为 75.0，如图 4-95 所示。

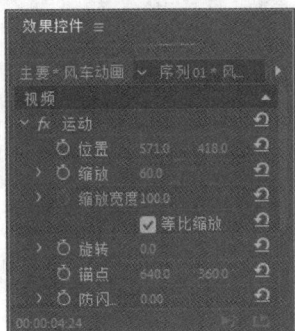
图 4-94

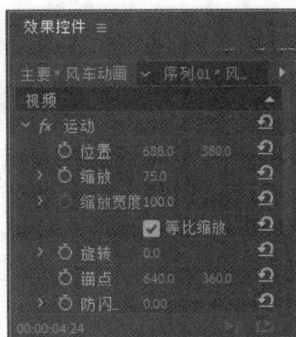
图 4-95

（7）将时间标签放置在 00:00:00:18 的位置。在"效果"面板中，展开"视频效果"分类选项，单击"透视"文件夹前面的右尖括号按钮 将其展开，选中"投影"效果，如图 4-96 所示。将"投影"效果拖曳到"时间轴"面板"V13"轨道中的"文字/01"文件上。在"效果控件"面板中，展开"投影"选项，设置如图 4-97 所示。

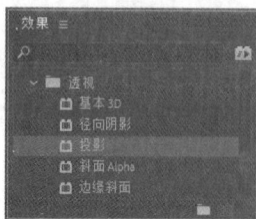

图 4-96

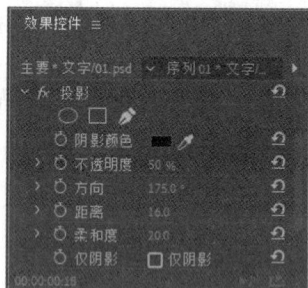

图 4-97

（8）在"效果控件"面板中，将"缩放"选项设置为 0.0，单击"缩放"选项左侧的"切换动画"按钮 ，记录第 1 个动画关键帧，如图 4-98 所示。将时间标签放置在 00:00:01:00 的位置，将"缩放"选项设为 100.0，记录第 2 个动画关键帧，如图 4-99 所示。

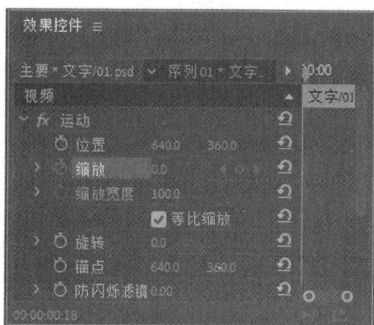

图 4-98

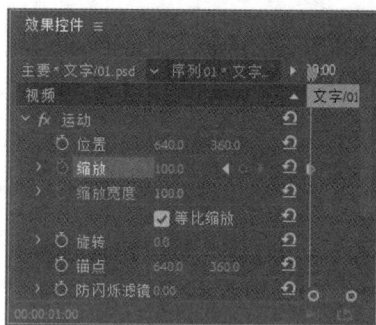

图 4-99

（9）在"项目"面板中，选中"02"文件并将其拖曳到"时间轴"面板中的"A1"轨道中，如图 4-100 所示。将时间标签放置在 00:00:00:06 的位置。将鼠标指针放在"02"文件的开始位置，当鼠标指针呈 状时，将其向右拖曳到 00:00:00:06 的位置，如图 4-101 所示。

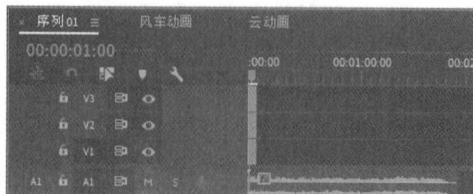

图 4-100

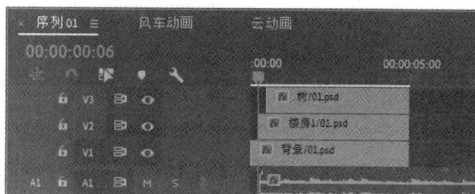

图 4-101

（10）将"02"文件拖曳到"A1"轨道的开始位置，如图 4-102 所示。将时间标签放置在"02"文件的结束位置，当鼠标指针呈 状时，将其向左拖曳到"背影/01"文件的结束位置，如图 4-103 所示。低碳生活短视频制作完成。

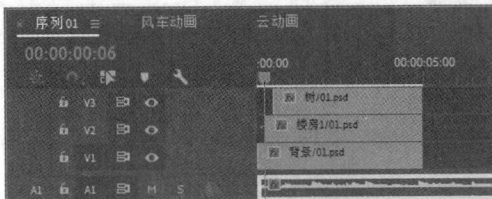 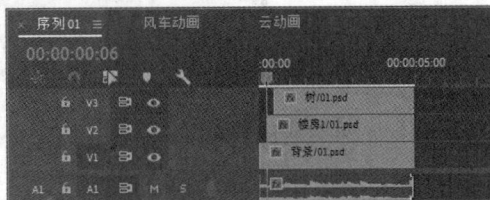

图 4-102　　　　　　　　　　　　　图 4-103

任务四　课后实战演练

4.4.1　制作古城美景短视频

【练习知识要点】

使用"导入"命令导入素材文件，使用"标记入点""标记出点"命令调整素材文件，使用"变换"效果和"效果控件"面板制作旋转转场效果，使用"Lumetri"颜色效果调整图像颜色，最终效果如图 4-104 所示。

微课：制作古城
美景短视频

图 4-104

【案例所在位置】

云盘中的"项目四/制作古城美景短视频/制作古城美景短视频.prproj"。

4.4.2　制作青春生活短视频

【练习知识要点】

使用"导入"命令导入素材文件，使用"标记入点""标记出点"命令调整素材文件，使用"变换"效果和"嵌套"命令制作嵌套文件，使用"残影"效果、"径向阴影"效果和"效果控件"面板制作翻页转场效果，最终效果如图 4-105 所示。

微课：制作青春
生活短视频

图 4-105

【案例所在位置】

云盘中的"项目四/制作青春生活短视频/制作青春生活短视频.prproj"。

05

项目五
制作产品广告

产品广告是一种经由各种媒介（如传单、电视、网络）传播的广告形式，通常用来宣传产品的特性、优势和使用方法等。它具有覆盖面大、普及率高、综合表现能力强等特点。本项目通过对 Premiere Pro 2020 中视频调色和影视合成的讲解，帮助读者在制作产品广告的过程中掌握视频调色和合成素材的技巧；以多类主题的产品广告为例，讲解产品广告的构思方法和制作技巧。读者通过学习可以掌握产品广告的制作要点，从而设计并制作出形象生动、冲击力强的产品广告。

知识目标

- ✔ 熟练掌握视频调色效果的使用方法。
- ✔ 掌握合成视频的使用技巧。
- ✔ 掌握产品广告的构思方法和制作技巧。

技能目标

- ✔ 掌握利用视频效果进行视频抠取的方法。
- ✔ 掌握利用"效果控件"面板制作动画的方法。
- ✔ 掌握利用"基本图形"面板添加并编辑图形和文本的方法。

素养目标

- ✔ 提高色彩风格和调色方案的选择能力。
- ✔ 提高有效结合多种视觉元素的能力。
- ✔ 提高对产品的推广能力。

任务一　视频调色

Premiere Pro 2020 的"效果"面板，包含了一些专门用于改变图像亮度、对比度和颜色的效果，这些效果存放于"视频效果"和"Lumetri 预设"文件夹中。

5.1.1　视频调色效果

视频调色效果分别放在"效果"面板中的"视频效果"文件夹下的"图像控制""调整""过时""颜色校正"中，如图 5-1 所示。

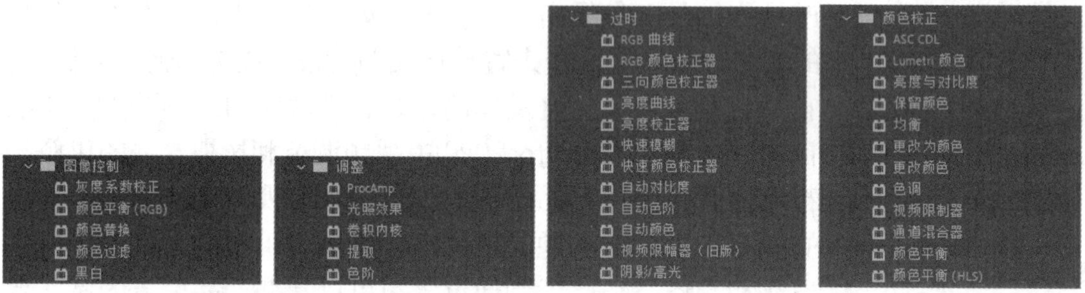

图 5-1

5.1.2　Lumetri 预设效果

Lumetri 预设效果主要用于对视频素材进行颜色调整。该效果包含了 5 种大类，如图 5-2 所示。

图 5-2

任务二　影视合成

在 Premiere Pro 2020 中，不仅能够组合和编辑素材，还能够使多个素材相互叠加，从而生成合成效果。一些复合影视作品中的绚丽效果就是通过多个视频轨道的叠加、不透明度的调整，以及各种类型键控的应用来实现的。

5.2.1 合成简介

在影视作品后期制作过程中，需要利用多种技术和手段，将实拍镜头、各种效果、动画等元素融合，形成一个完整的场景或画面，这一过程称为合成。

1. 不透明度

透明叠加的原理是因为每个素材都有一定的不透明度。不透明度为 0% 时，图像完全透明；在不透明度为 100% 时，图像完全不透明；其余不透明度的图像根据设置的数值呈现一定程度的透明。在 Premiere Pro 2020 中，将一个素材叠加在另一个素材上之后，位于轨道上面的素材能够显示其下方素材的部分图像，所利用的就是素材的不透明度的设置。通过不透明度的设置，可以制作出透明叠加的效果，原图和叠加后图片的效果如图 5-3 和图 5-4 所示。

图 5-3

图 5-4

2. Alpha 通道

在 RGB 模式中，素材的颜色信息都被保存在 3 个通道中，这 3 个通道分别是红色通道、绿色通道和蓝色通道。另外，在素材中，还有看不见的第 4 个通道，即 Alpha 通道，它用于存储素材的透明度信息。

当在 Premiere Pro 2020 的"源监视器"窗口中查看素材的 Alpha 通道时，白色区域是完全不透明的，黑色区域是完全透明的，两者之间的区域依据颜色呈现不同程度的透明。

3. 蒙版

"蒙版"是一个层，用于定义层的透明区域。白色区域定义的是完全不透明的区域，黑色区域定义完全透明的区域，两者之间的区域依据颜色呈现不同程度的透明，效果类似于 Alpha 通道。通常，Alpha 通道就被用作蒙版，但是使用蒙版定义素材的透明区域要比使用 Alpha 通道更好，因为很多的原始素材不包含 Alpha 通道。

4. 键控

使用键控效果可以很容易地为一幅颜色或者亮度一致的视频素材替换背景，这一技术一般称为"蓝屏技术"（背景色为蓝色）或"绿屏技术"（背景色为绿色）。使用键控效果进行图像调整的过程如图 5-5、图 5-6 和图 5-7 所示。Premiere Pro 2020 中的"键控"效果存放在"效果"面板中的"视频效果"文件夹中，如图 5-8 所示。

图 5-5

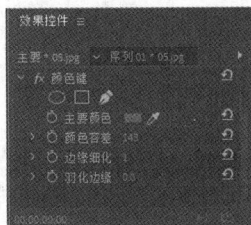

图 5-6

图 5-7

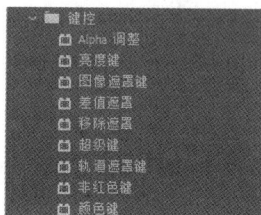

图 5-8

5.2.2　合成视频

在非线性编辑中，每一个视频素材可视为一个图层。将这些图层放置于"时间轴"面板中的不同视频轨道上，然后以不同的不透明度相叠加，即可实现视频的合成效果。在 Premiere Pro 2020 中，有两种叠加方式，一种是混合叠加，另一种是淡化叠加。

混合叠加是将素材的一部分叠加到另一个素材上，作为前景的素材最好具有单一的底色并且底色与需要保留的部分对比鲜明，这样很容易将底色变为透明。叠加后，背景在前景素材透明处可见，从而使前景素材保留的部分看上去像原属于背景素材中的一部分一样，如图 5-9 所示。

淡化叠加通过调整整个前景的透明度，让前景整体暗淡，从而使背景素材逐渐显现出来，达到一种梦幻或朦胧的效果，如图 5-10 所示。

图 5-9

图 5-10

5.2.3　实训项目：抠出并合成折纸宣传广告的素材

【案例知识要点】

使用"导入"命令导入素材文件，使用"颜色键"效果抠出折纸视频，使用"效果控件"面板制作文字动画，最终效果如图 5-11 所示。

微课：抠出并合成折纸
宣传广告的素材

图 5-11

【案例操作步骤】

（1）启动 Premiere Pro 2020，选择"文件>新建>项目"命令，弹出"新建项目"对话框，如图 5-12 所示，单击"确定"按钮，新建项目。选择"文件>新建>序列"命令，弹出"新建序列"对话框，单击"设置"选项卡，设置如图 5-13 所示，单击"确定"按钮，新建序列。

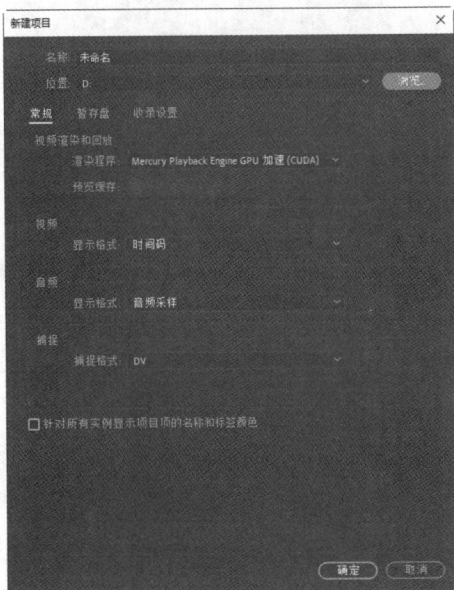

图 5-12

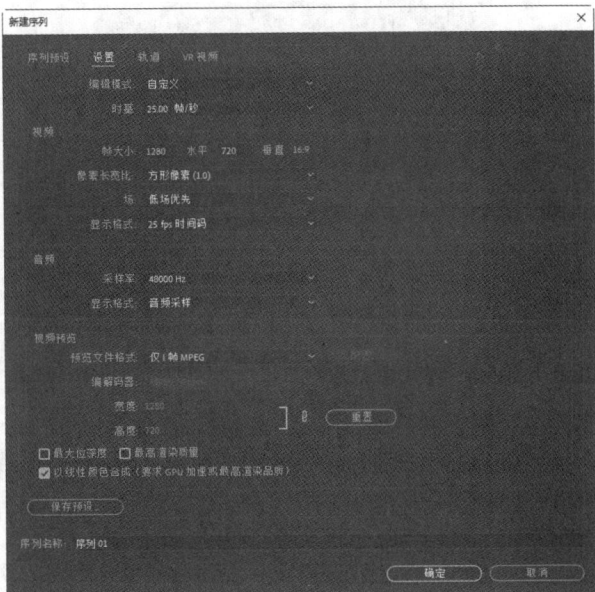

图 5-13

（2）选择"文件>导入"命令，弹出"导入"对话框，选择本书云盘中的"项目五/抠出并合成折纸宣传广告的素材/素材/01~03"文件，如图 5-14 所示，单击"打开"按钮，将素材文件导入到"项目"面板中，如图 5-15 所示。

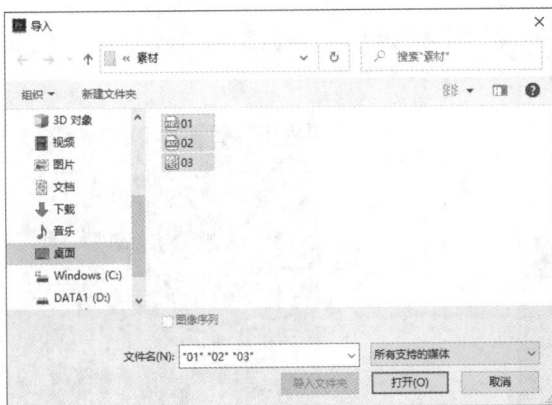

图 5-14

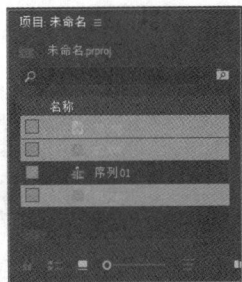

图 5-15

（3）在"项目"面板中，选中"01"文件并将其拖曳到"时间轴"面板中的"V1"轨道中，弹出"剪辑不匹配警告"对话框，单击"保持现有设置"按钮，在保持现有序列设置不变的情况下将"01"文件放置在"V1"轨道中，如图 5-16 所示。选中"时间轴"面板中的"01"文件。选择"效果控件"

面板，展开"运动"选项，将"缩放"选项设置为 67.0，如图 5-17 所示。

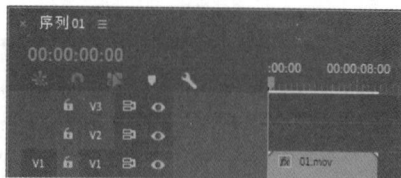

图 5-16

图 5-17

（4）在"项目"面板中，选中"02"文件并将其拖曳到"时间轴"面板中的"V2"轨道中，如图 5-18 所示。选择"效果"面板，展开"视频效果"分类选项，单击"键控"文件夹前面的右尖括号按钮▶将其展开，选中"颜色键"效果，如图 5-19 所示。

图 5-18

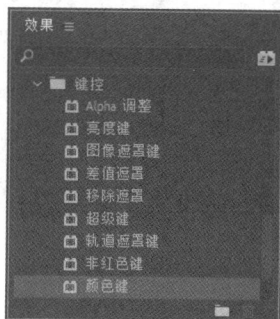

图 5-19

（5）将"颜色键"效果拖曳到"时间轴"面板"V2"轨道中的"02"文件上，如图 5-20 所示。在"效果控件"面板中，展开"颜色键"选项，将"主要颜色"选项设置为深蓝色（4、1、167），"颜色容差"选项设置为 32，"边缘细化"选项设置为 3，如图 5-21 所示。

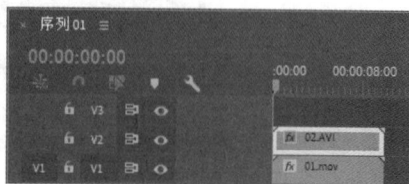

图 5-20

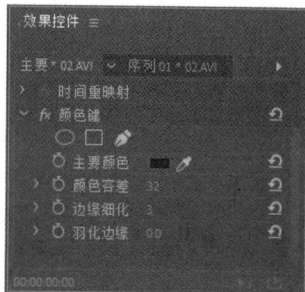

图 5-21

（6）在"项目"面板中，选中"03"文件并将其拖曳到"时间轴"面板中的"V3"轨道中，如图 5-22 所示。将鼠标指针放在"03"文件的结束位置并单击，当鼠标指针呈◀状时，将其向右拖曳到"02"文件的结束位置，如图 5-23 所示。

图 5-22

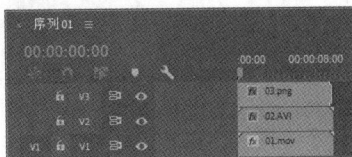

图 5-23

（7）选中"时间轴"面板中的"03"文件。在"效果控件"面板中，展开"运动"选项，将"缩放"选项设置为 0.0，单击"缩放"选项左侧的"切换动画"按钮 ，如图 5-24 所示，记录第 1 个动画关键帧。将时间标签放置在 00:00:02:07 的位置。将"缩放"选项设置为 170.0，记录第 2 个动画关键帧，如图 5-25 所示。抠出并合成折纸宣传广告的素材制作完成。

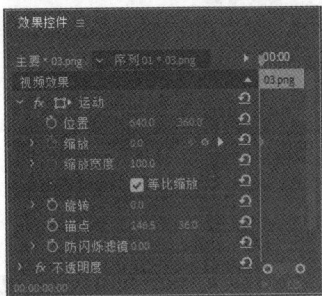

图 5-24

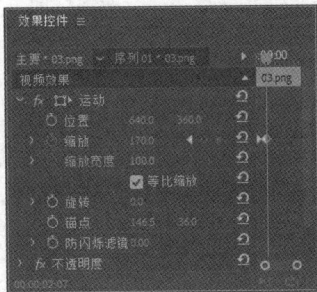

图 5-25

任务三　综合实训项目

5.3.1　制作家居节广告

【案例知识要点】

使用"导入"命令导入素材文件，使用剪辑点调整素材文件，使用"Lumetri 颜色"效果调整影片颜色，使用"交叉划像"效果制作树叶划像效果，使用"快速模糊入点"效果制作文字模糊进入效果，使用"效果控件"面板调整效果并制作缩放的动画效果，使用"标记出点"命令调整音频文件，最终效果如图 5-26 所示。

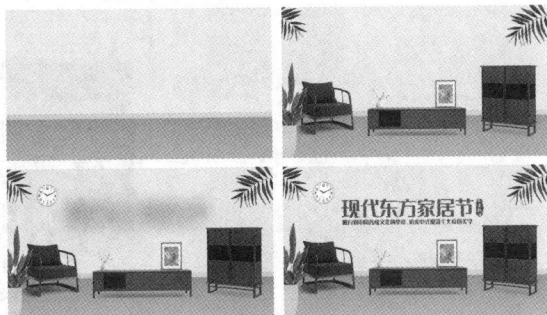

微课：制作家居节广告

图 5-26

【案例操作步骤】

（1）启动 Premiere Pro 2020，选择"文件>新建>项目"命令，弹出"新建项目"对话框，如图 5-27 所示，单击"确定"按钮，新建项目。选择"文件>新建>序列"命令，弹出"新建序列"对话框，"序列预设"选择"HDV 720p25"，如图 5-28 所示，单击"确定"按钮，新建序列。

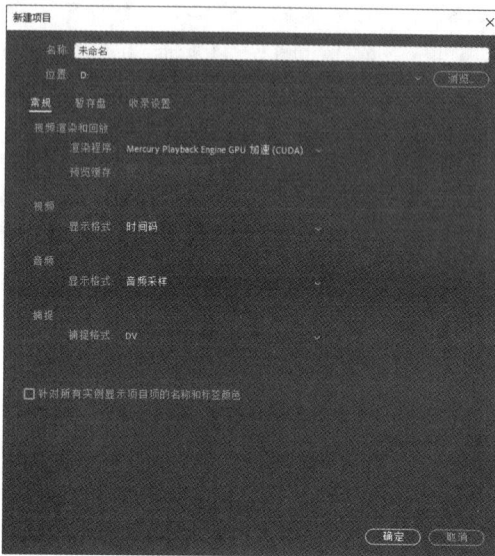

图 5-27

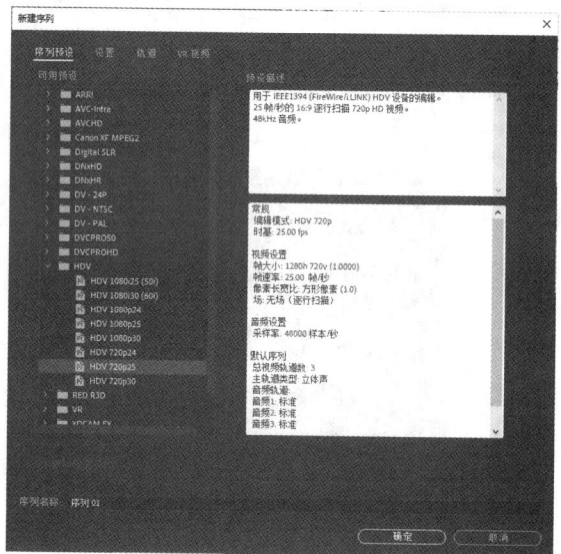

图 5-28

（2）选择"文件>导入"命令，弹出"导入"对话框，选择本书云盘中的"项目五/制作家居节广告/素材/01 和 02"文件，如图 5-29 所示，单击"打开"按钮，弹出"导入分层文件"对话框，设置如图 5-30 所示，单击"确定"按钮，将素材文件导入到"项目"面板中，如图 5-31 所示。

（3）将"项目"面板中的"背景/01"文件拖曳到"时间轴"面板中的"V1"轨道中，如图 5-32 所示。

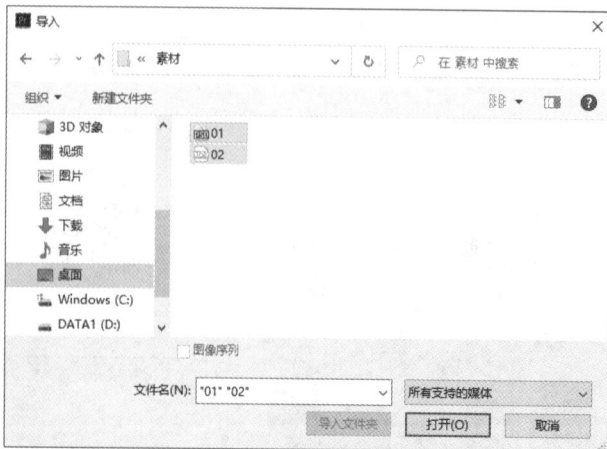

图 5-29

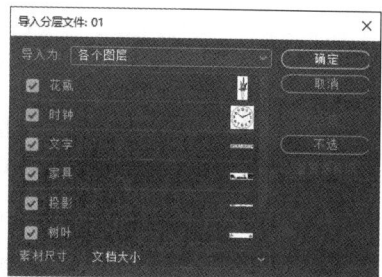

图 5-30

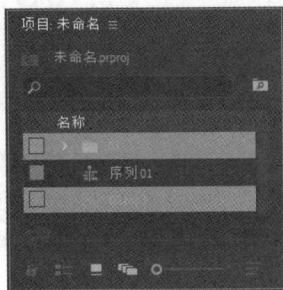

图 5-31

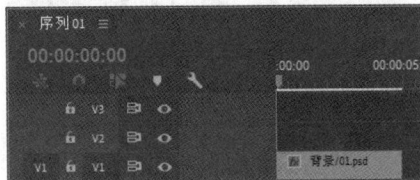

图 5-32

（4）将时间标签放置在 00：00：00：07 的位置。分别将"项目"面板中的"投影/01""家具/01"文件拖曳到"时间轴"面板中的"V2""V3"轨道中，如图 5-33 所示。将鼠标指针分别放在"投影/01""家具/01"文件的结束位置，当鼠标指针呈◀状时，将其向左拖曳到"背景/01"的结束位置，如图 5-34 所示。

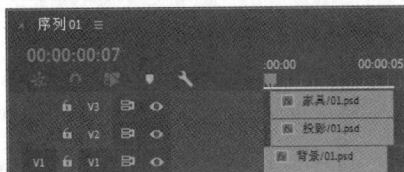

图 5-33

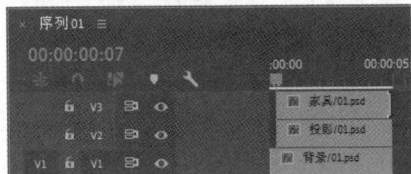

图 5-34

（5）选中"时间轴"面板中的"投影/01"文件。选择"效果控件"面板，展开"不透明度"选项，将下方的"不透明度"选项设置为 0.0%，"混合模式"选项设置为相乘，记录第 1 个动画关键帧，如图 5-35 所示。将时间标签放置在 00：00：00：12 的位置，将"不透明度"选项设置为 100.0%，记录第 2 个动画关键帧，如图 5-36 所示。

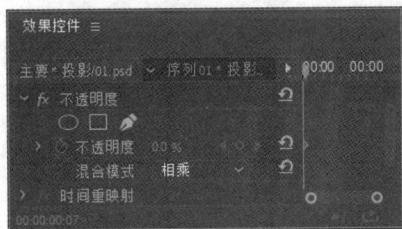

图 5-35

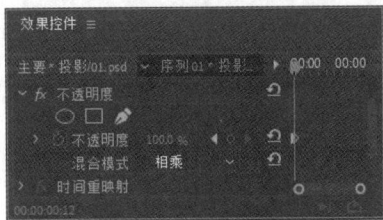

图 5-36

（6）将时间标签放置在 00：00：00：07 的位置，选中"时间轴"面板中的"家具/01"文件。在"效果控件"面板中，展开"不透明度"选项，将"不透明度"选项设置为 0.0%，如图 5-37 所示，记录第 1 个动画关键帧。将时间标签放置在 00：00：00：12 的位置，将"不透明度"选项设置为 100.0%，记录第 2 个动画关键帧，如图 5-38 所示。

（7）将"项目"面板中的"花瓶/01"文件拖曳到"V3"轨道上方的空白处，"时间轴"面板中生成"V4"轨道，同时"花瓶/01"文件被放置到"V4"轨道中，如图 5-39 所示。将鼠标指针放在"花瓶/01"文件的结束位置，当鼠标指针呈◀状时，将其向左拖曳到"背景/01"的结束位置，如图 5-40 所示。

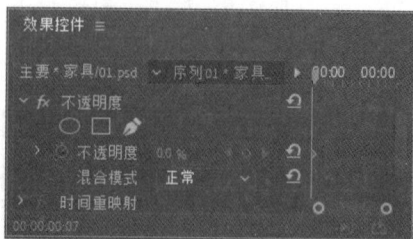

图 5-37

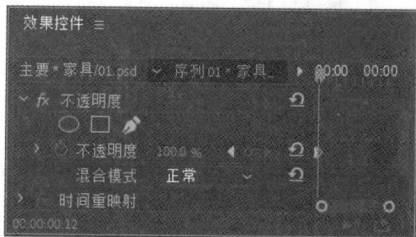

图 5-38

图 5-39

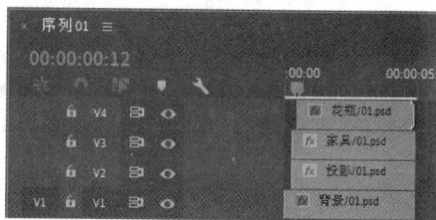

图 5-40

（8）将"项目"面板中的"树叶/01"文件拖曳到"V4"轨道上方的空白处，在"时间轴"面板中生成"V5"轨道，同时"树叶/01"文件被放置到"V5"轨道中，如图 5-41 所示。将鼠标指针放在"树叶/01"文件的结束位置，当鼠标指针呈◀状时，将其向左拖曳到"背景/01"的结束位置，如图 5-42 所示。

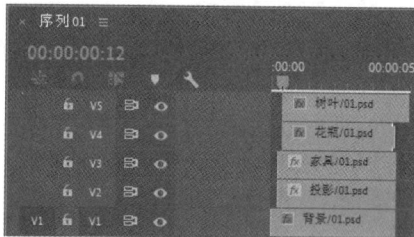

图 5-41

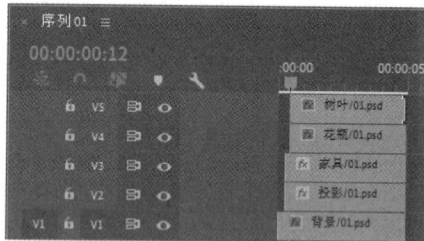

图 5-42

（9）选择"效果"面板，展开"视频过渡"效果分类选项，单击"划像"文件夹前面的右尖括号按钮▶将其展开，选中"交叉划像"效果，如图 5-43 所示。将"交叉划像"效果拖曳到"时间轴"面板中的"树叶/01"文件的开始位置，如图 5-44 所示。

（10）选中"时间轴"面板中的"交叉划像"效果。在"效果控件"面板中，将"持续时间"选项设置为 00:00:00:10，如图 5-45 所示。

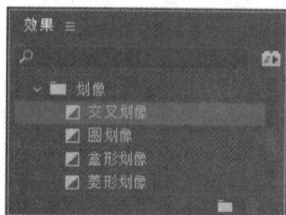

图 5-43

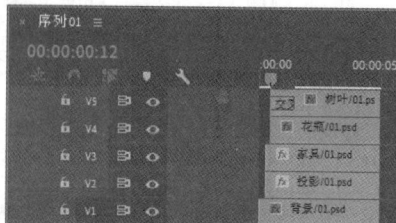

图 5-44

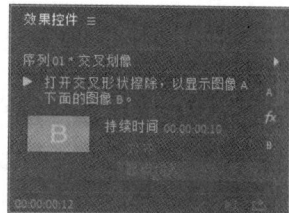

图 5-45

（11）将时间标签放置在 00：00：00：22 的位置。将"项目"面板中的"时钟/01"文件拖曳到"V5"轨道上方的空白处，在"时间轴"面板中生成"V6"轨道，同时"时钟/01"文件被放置到"V6"轨道中，如图 5-46 所示。将鼠标指针放在"时钟/01"文件的结束位置，当鼠标指针呈◀▶状时，将其向左拖曳到"背景/01"的结束位置，如图 5-47 所示。

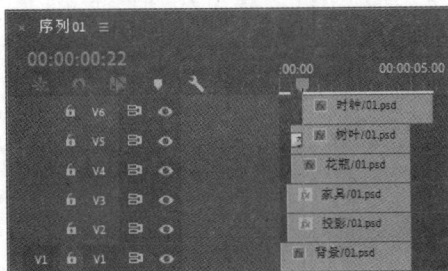

图 5-46

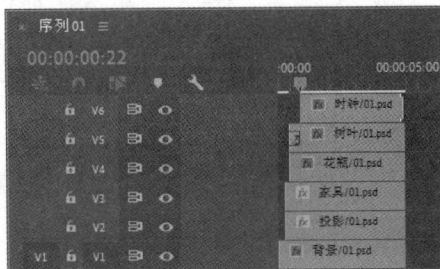

图 5-47

（12）选中"时间轴"面板中的"时钟/01"文件。在"效果控件"面板中，展开"运动"选项，将"缩放"选项设置为 0.0，单击"缩放"选项左侧的"切换动画"按钮◯，记录第 1 个动画关键帧，如图 5-48 所示。将时间标签放置在 00：00：01：05 的位置，将"缩放"选项设置为 100.0，记录第 2 个动画关键帧，如图 5-49 所示。

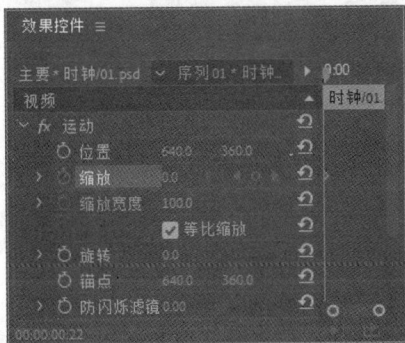

图 5-48

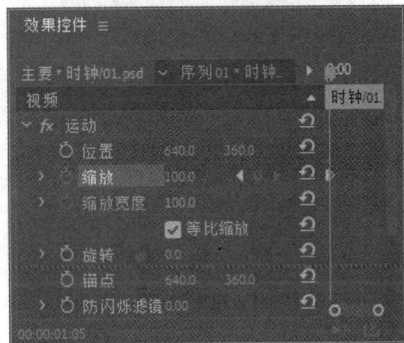

图 5-49

（13）将"项目"面板中的"文字/01"文件拖曳到"V6"轨道上方的空白处，在轨道中生成"V7"轨道，同时"文字/01"文件被放置到"V7"轨道中，如图 5-50 所示。将鼠标指针放在"文字/01"文件的结束位置，当鼠标指针呈◀▶状时，将其向左拖曳到"背景/01"的结束位置，如图 5-51 所示。

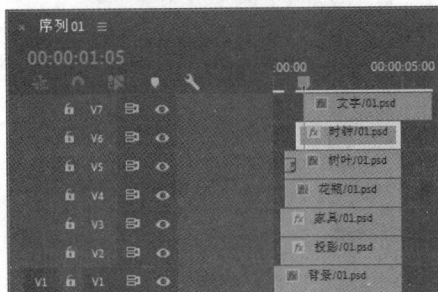

图 5-50

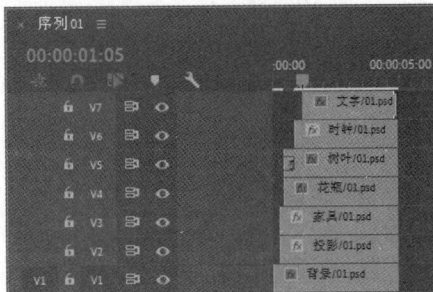

图 5-51

（14）在"效果"面板中，展开"预设"效果分类选项，单击"模糊"文件夹前面的右尖括号按钮▶将其展开，选中"快速模糊入点"效果，如图 5-52 所示。将"快速模糊入点"效果拖曳到"时间轴"面板中的"文字/01"文件上。

（15）选中"项目"面板。选择"文件>新建>调整图层"命令，弹出"调整图层"对话框，如图 5-53 所示，单击"确定"按钮，将"调整图层"文件添加到"项目"面板中，如图 5-54 所示。将"项目"面板中的"调整图层"文件拖曳到"V7"轨道上方的空白处，在"时间轴"面板中生成"V8"轨道，同时"调整图层"文件被放置到"V8"轨道中，如图 5-55 所示。

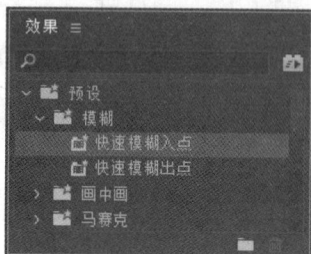

图 5-52

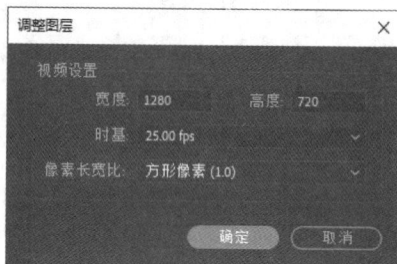

图 5-53

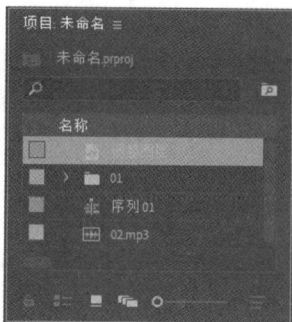

图 5-54

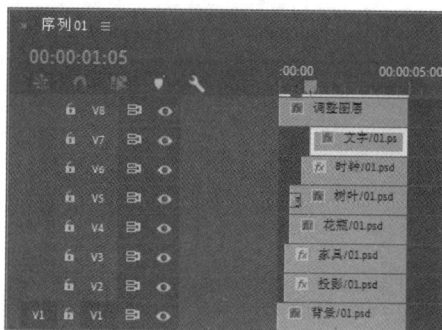

图 5-55

（16）在"效果"面板中，展开"视频效果"分类选项，单击"颜色校正"文件夹前面的右尖括号按钮▶将其展开，选中"Lumetri 颜色"效果，如图 5-56 所示。将"Lumetri 颜色"效果拖曳到"时间轴"面板"V8"轨道中的"调整图层"文件上。在"效果控件"面板中，展开"Lumetri 颜色"选项，设置如图 5-57 所示。

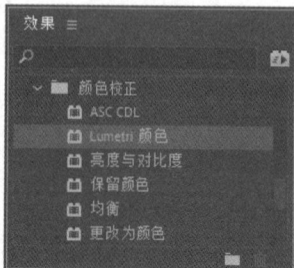

图 5-56

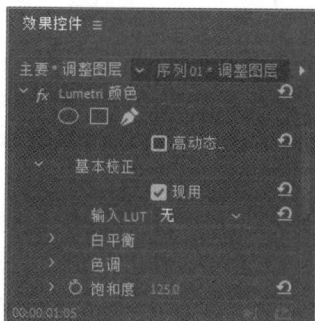

图 5-57

（17）双击"项目"面板中的"02"文件，在"源监视器"窗口中打开"02"文件。将时间标签放置在 00:00:04:24 的位置，按 O 键，标记出点，如图 5-58 所示。选中"源监视器"窗口中的"02"文件并将其拖曳到"时间轴"面板中的"A1"轨道中，如图 5-59 所示。家居节广告制作完成。

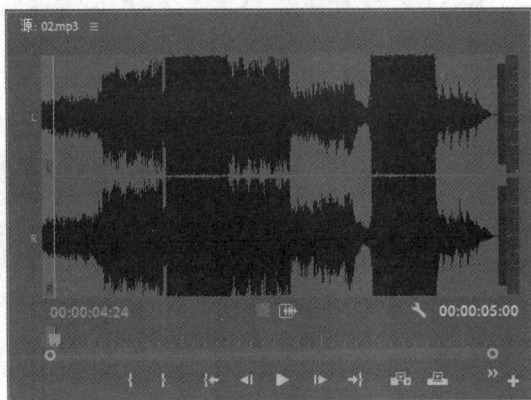

图 5-58

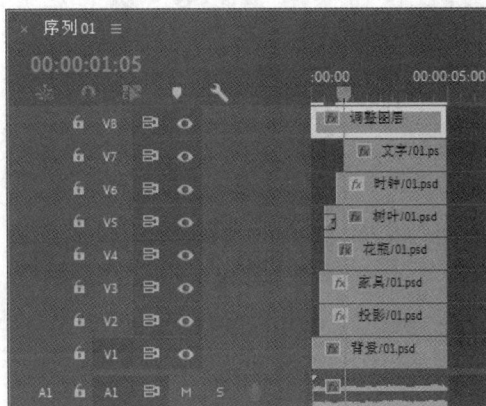

图 5-59

5.3.2　制作家电电商广告

【案例知识要点】

使用"导入"命令导入素材文件，使用"基本图形"面板添加文本，使用"旋转扭曲"效果制作背景的扭曲效果，使用"效果控件"面板制作缩放与不透明度效果，使用"划出"过渡制作文字划出效果，最终效果如图 5-60 所示。

微课：制作家电
电商广告

图 5-60

【案例操作步骤】

（1）启动 Premiere Pro 2020，选择"文件>新建>项目"命令，弹出"新建项目"对话框，如图 5-61 所示，单击"确定"按钮，新建项目。选择"文件>新建>序列"命令，弹出"新建序列"对话框，单击"设置"选项卡，设置如图 5-62 所示，单击"确定"按钮，新建序列。

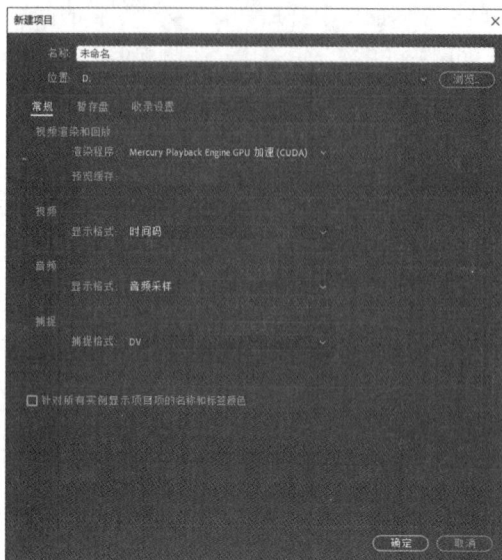

图 5-61

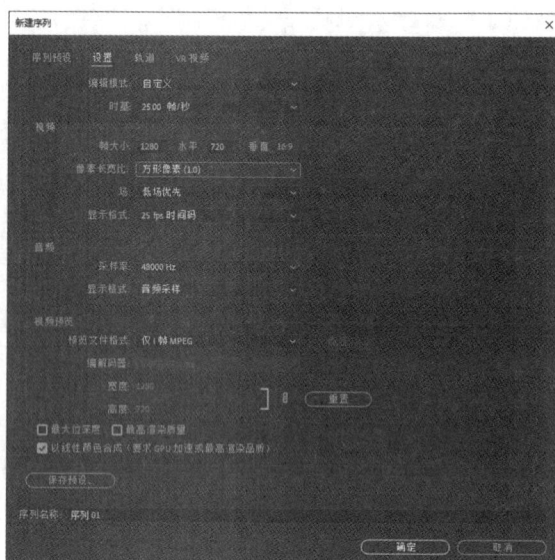

图 5-62

（2）选择"文件>导入"命令，弹出"导入"对话框，选择本书云盘中的"项目五/制作家电电商广告/素材/01~05"文件，如图 5-63 所示，单击"打开"按钮，将素材文件导入到"项目"面板中，如图 5-64 所示。

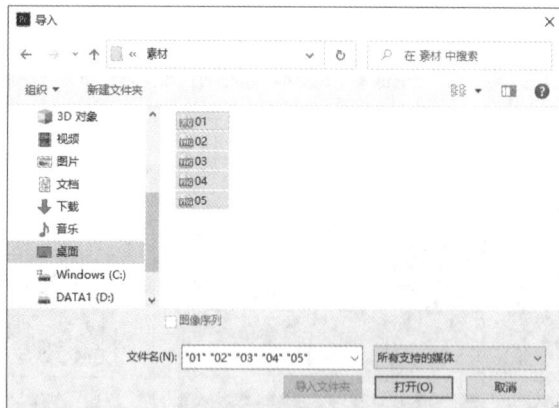

图 5-63

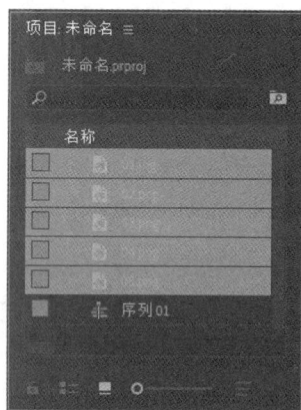

图 5-64

（3）在"项目"面板中，选中"01"文件并将其拖曳到"时间轴"面板中的"V1"轨道中，如图 5-65 所示。在"项目"面板中，选中"04"文件并将其拖曳到"时间轴"面板中的"V2"轨道中，如图 5-66 所示。

图 5-65

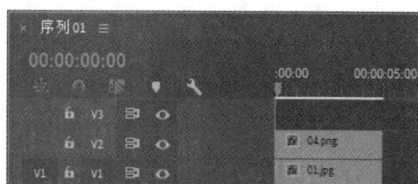

图 5-66

（4）选中"时间轴"面板中的"04"文件。选择"效果控件"面板，展开"运动"选项，将"位置"选项设置为 656.0 和 336.0，如图 5-67 所示。选择"效果"面板，展开"视频效果"分类选项，单击"扭曲"文件夹前面的右尖括号按钮▶将其展开，选中"旋转扭曲"效果，如图 5-68 所示。将"旋转扭曲"效果拖曳到"时间轴"面板"V2"轨道中的"04"文件上。

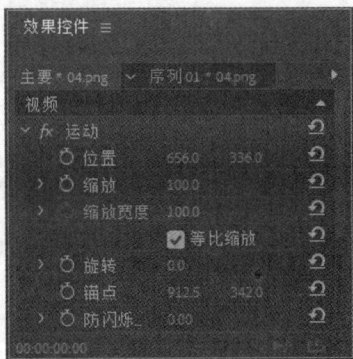

图 5-67

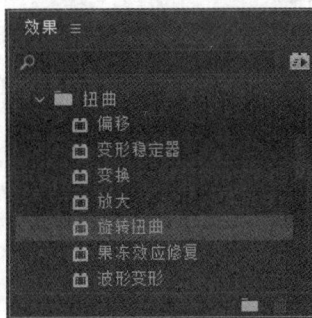

图 5-68

（5）在"效果控件"面板中，展开"旋转扭曲"选项，将"角度"选项设置为 4×0.0°，"旋转扭曲半径"选项设置为 50.0，单击"角度"和"旋转扭曲半径"选项左侧的"切换动画"按钮，记录第 1 个动画关键帧，如图 5-69 所示。将时间标签放置在 00:00:01:00 的位置，将"角度"选项设置为 0.0°，"旋转扭曲半径"选项设置为 75.0，记录第 2 个动画关键帧，如图 5-70 所示。

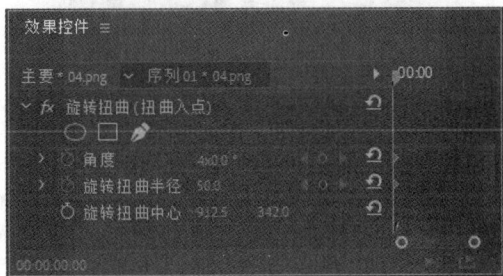

图 5-69

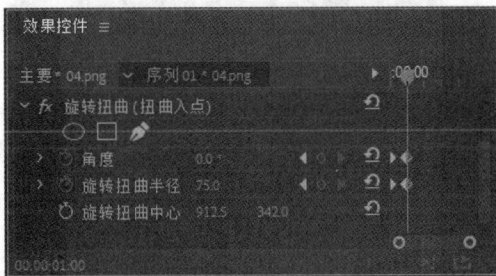

图 5-70

（6）在"项目"面板中，选中"02"文件并将其拖曳到"时间轴"面板中的"V3"轨道中。将时间标签放置在 00:00:00:00 的位置。选中"时间轴"面板中的"02"文件。在"效果控件"面板中，展开"运动"选项，将"位置"选项设置为 661.0 和 891.0，单击"位置"选项左侧的"切换动画"按钮，记录第 1 个动画关键帧，如图 5-71 所示。将时间标签放置在 00:00:00:05 的位置，将"位置"选项设置为 661.0 和 681.0，记录第 2 个动画关键帧，如图 5-72 所示。

（7）将时间标签放置在 00:00:01:02 的位置。在"项目"面板中，选中"03"文件并将其拖曳到"V3"轨道上方的空白区域，在"时间轴"面板中生成"V4"轨道，同时"03"文件被放置到"V4"轨道中。将鼠标指针放在"03"文件的结束位置并单击，当鼠标指针呈◀┃▶状时，将其向左拖曳到"02"文件的结束位置，如图 5-73 所示。选中"时间轴"面板中的"03"文件。在"效果控件"面板中，展开"运动"选项，将"位置"选项设置为 926.0 和 389.0，如图 5-74 所示。

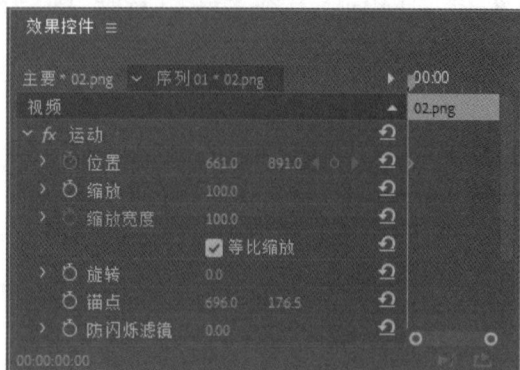

图 5-71

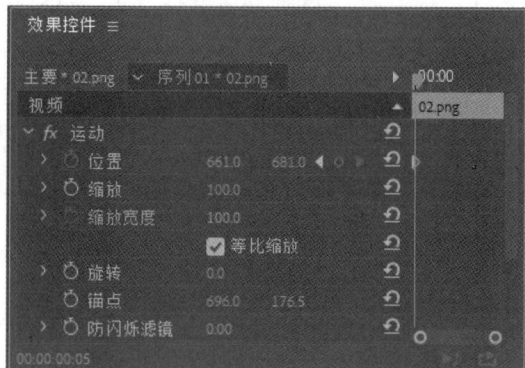

图 5-72

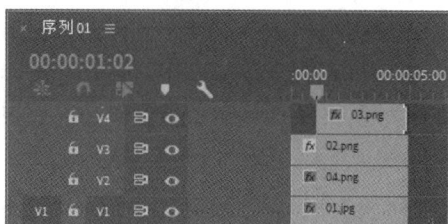

图 5-73

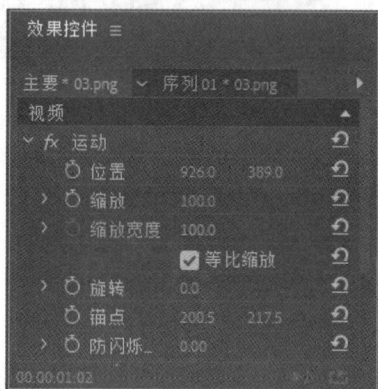

图 5-74

（8）将时间标签放置在 00:00:01:12 的位置。在"效果控件"面板中，展开"不透明度"选项，单击选项右侧的"添加/移除关键帧"按钮 ◎，记录第 1 个动画关键帧，如图 5-75 所示。将时间标签放置在 00:00:01:15 的位置，将"不透明度"选项设置为 0.0%，记录第 2 个动画关键帧，如图 5-76 所示。将时间标签放置在 00:00:01:18 的位置，将"不透明度"选项设置为 100.0%，记录第 3 个动画关键帧，如图 5-77 所示。

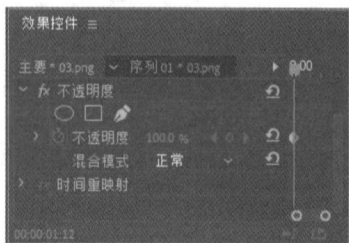

图 5-75

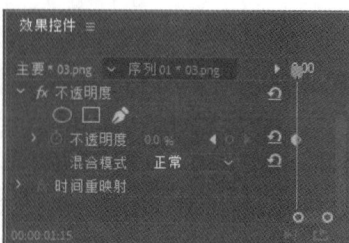

图 5-76

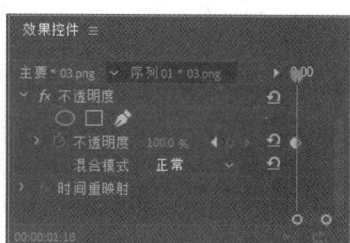

图 5-77

（9）将时间标签放置在 00:00:01:21 的位置，将"不透明度"选项设置为 0.0%，记录第 4 个动画关键帧，如图 5-78 所示。将时间标签放置在 00:00:01:24 的位置，将"不透明度"选项设置为 100.0%，记录第 5 个动画关键帧，如图 5-79 所示。取消"03"文件的选取状态。

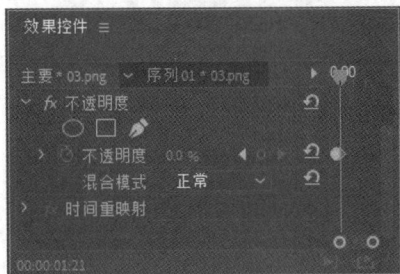

图 5-78

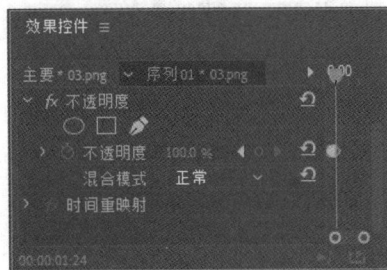

图 5-79

（10）将时间标签放置在 00：00：01：02 的位置。选择"基本图形"面板，单击"编辑"选项卡，单击"新建图层"按钮 ⬛，在弹出的菜单中选择"文本"命令。在"时间轴"面板中生成"V5"轨道和"新建文本图层"文件，如图 5-80 所示。将鼠标指针放在"新建文本图层"文件的结束位置单击，当鼠标指针呈 ◀▮ 状时，将其向左拖曳到"03"文件的结束位置，如图 5-81 所示。

图 5-80

图 5-81

（11）在"节目监视器"窗口中双击文本框，输入"智能家电"，如图 5-82 所示。在"基本图形"面板中选择文字图层，"对齐并变换"栏中的设置如图 5-83 所示，"文本"栏的设置如图 5-84 所示，"节目监视器"窗口中的效果如图 5-85 所示。

图 5-82

图 5-83

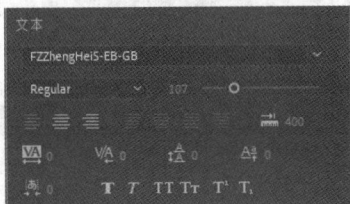

图 5-84

图 5-85

（12）选中"时间轴"面板中的"智能家电"文本图层。在"效果控件"面板中，展开"运动"选项，将"位置"选项设置为 450.7 和 276.1，"缩放"选项设置为 0.0，单击"缩放"选项左侧的"切换动画"按钮 ⭘，记录第 1 个动画关键帧，如图 5-86 所示。将时间标签放置在 00：00：01：12 的位置。将"缩放"选项设置为 100.0，记录第 2 个动画关键帧，如图 5-87 所示。

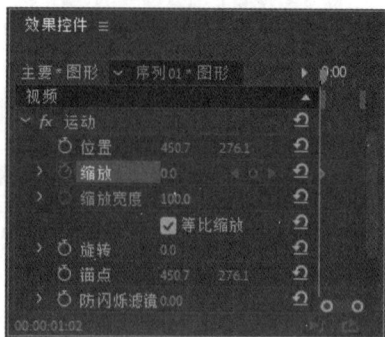

图 5-86

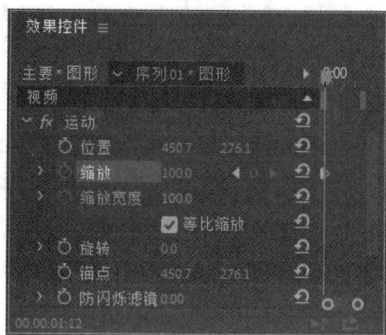

图 5-87

（13）将时间标签放置在 00:00:01:02 的位置。选择"基本图形"面板，单击"编辑"选项卡，单击"新建图层"按钮，在弹出的菜单中选择"文本"命令，"时间轴"面板中生成"V6"轨道和"新建文本图层"文件，如图 5-88 所示。将鼠标指针放在"新建文本图层"文件的结束位置并单击，当鼠标指针呈状时，将其向左拖曳到"03"文件的结束位置，如图 5-89 所示。

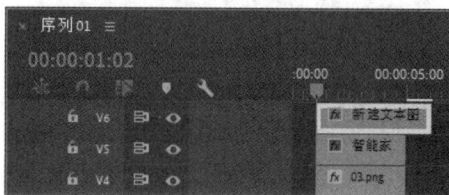

图 5-88

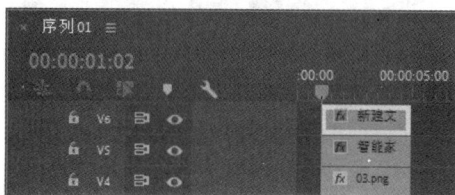

图 5-89

（14）在"节目监视器"窗口中双击文本框，输入"新年折扣会"，如图 5-90 所示。在"基本图形"面板中选择文字图层，"对齐并变换"栏中的设置如图 5-91 所示，"文本"栏的设置如图 5-92 所示，"节目监视器"窗口中的效果如图 5-93 所示。

图 5-90

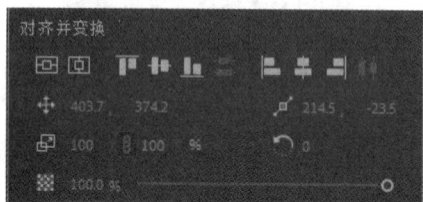

图 5-91

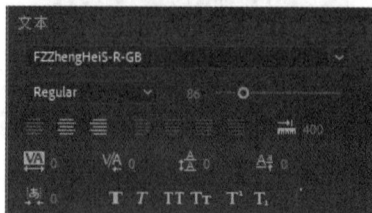

图 5-92

图 5-93

（15）选中"时间轴"面板中的"新年折扣会"文本图层。在"效果控件"面板中，展开"运动"选项，将"位置"选项设置为 447.1 和 373.5，"缩放"选项设置为 0.0，单击"缩放"选项左侧的

"切换动画"按钮 ⏱，记录第 1 个动画关键帧，如图 5-94 所示。将时间标签放置在 00:00:01:12 的位置，将"缩放"选项设置为 100.0，记录第 2 个动画关键帧，如图 5-95 所示。

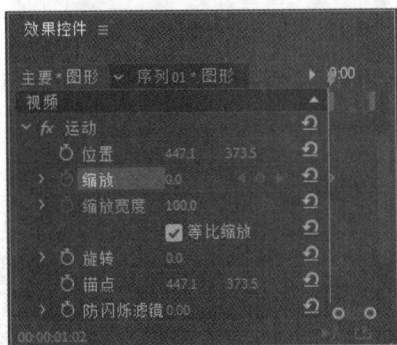

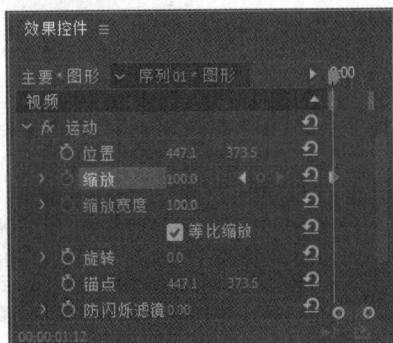

图 5-94

图 5-95

（16）在"项目"面板中，选中"05"文件并将其拖曳到"V6"轨道上方的空白区域，在"时间轴"面板中生成"V7"轨道，同时，"05"文件被放置到"V7"轨道中。将鼠标指针放在"05"文件的结束位置并单击，当鼠标指针呈 ◄ 状时，将其向左拖曳到"02"文件的结束位置，如图 5-96 所示。选中"时间轴"面板中的"05"文件在"效果控件"面板中，展开"运动"选项，将"位置"选项设置为 447.0 和 471.0，如图 5-97 所示。

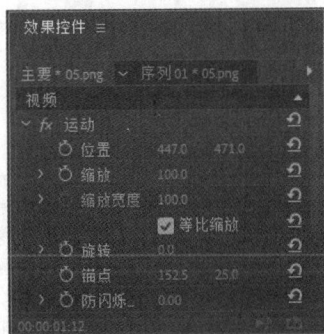

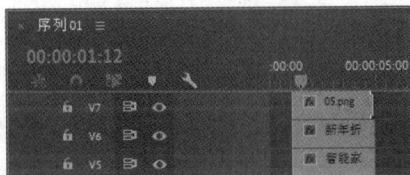

图 5-96

图 5-97

（17）选择"效果"面板，展开"视频过渡"分类选项，单击"擦除"文件夹前面的右尖括号按钮 ▶ 将其展开，选中"划出"效果，如图 5-98 所示。将"划出"效果拖曳到"时间轴"面板中的"05"文件的开始位置，如图 5-99 所示。选中"05"文件中的"划出"效果，在"效果控件"面板中，将"持续时间"选项设置为 00:00:00:10，如图 5-100 所示。家电电商广告制作完成。

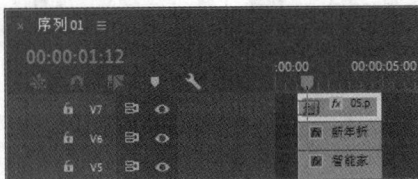

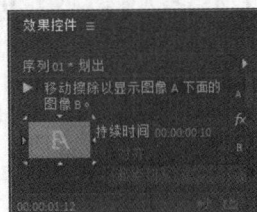

图 5-98

图 5-99

图 5-100

5.3.3 制作运动产品广告

【案例知识要点】

使用"导入"命令导入素材文件，使用"效果控件"面板编辑素材效果并制作动画，使用"基本图形"面板添加并编辑图形和文本，最终效果如图 5-101 所示。

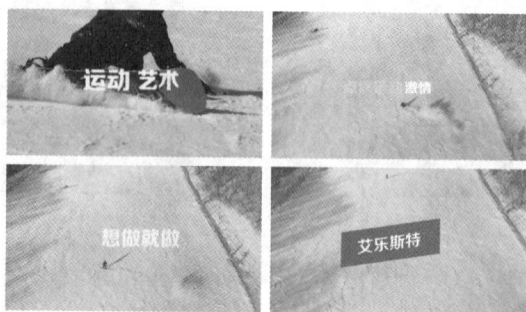

微课：制作运动产品广告

图 5-101

【案例操作步骤】

1. 新建项目并编辑素材

（1）启动 Premiere Pro 2020，选择"文件>新建>项目"命令，弹出"新建项目"对话框，如图 5-102 所示，单击"确定"按钮，新建项目。选择"文件>新建>序列"命令，弹出"新建序列"对话框，单击"设置"选项卡，设置如图 5-103 所示，单击"确定"按钮，新建序列。

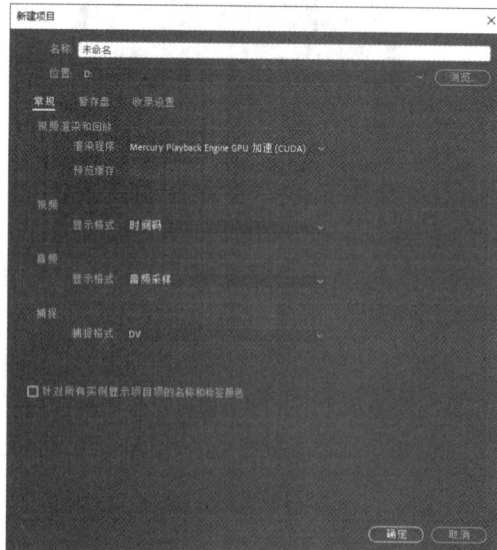

图 5-102

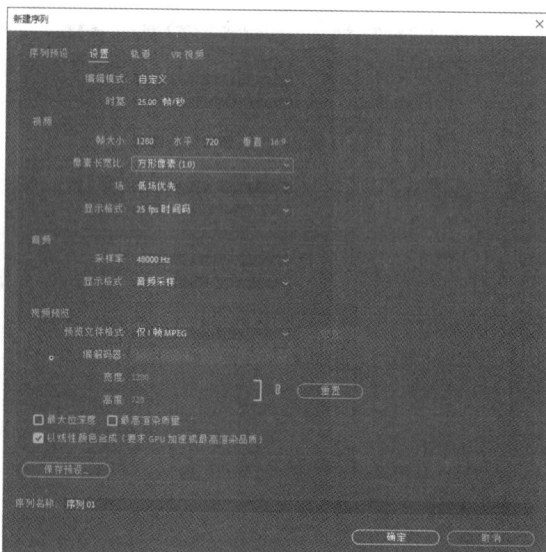

图 5-103

（2）选择"文件>导入"命令，弹出"导入"对话框，选择本书云盘中的"项目五/制作运动产品广告/素材/01~03"文件，如图 5-104 所示，单击"打开"按钮，将素材文件导入到"项目"面板中，如图 5-105 所示。

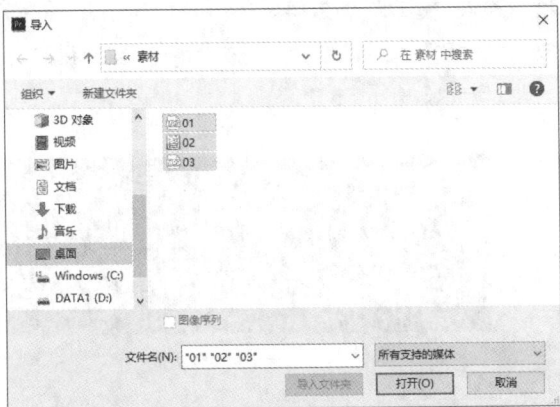

图 5-104

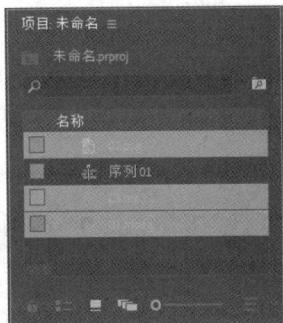

图 5-105

（3）将"项目"面板中的"01"文件拖曳到"时间轴"面板中的"V1"轨道中，弹出"剪辑不匹配警告"对话框，单击"保持现有设置"按钮，将"01"文件放置到"V1"轨道中，如图 5-106 所示。

（4）选中"时间轴"面板中的"01"文件，如图 5-107 所示。选择"剪辑>取消链接"命令，取消视频和音频的链接，如图 5-108 所示。选中音频，按 Delete 键，删除音频，如图 5-109 所示。

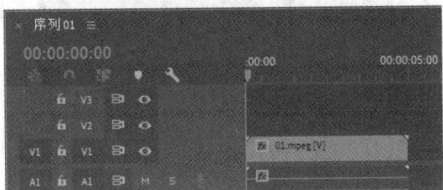

图 5-106

图 5-107

图 5-108

图 5-109

2. 添加广告语和动画

（1）选择"基本图形"面板，单击"编辑"选项卡右侧的"新建图层"按钮，在弹出的菜单中选择"文本"命令。"时间轴"面板中的"V2"轨道中生成"新建文本图层"文件，如图 5-110 所示。"节目监视器"窗口中的效果如图 5-111 所示。

图 5-110

图 5-111

（2）在"节目监视器"窗口中双击文本框，输入"运动"，效果如图 5-112 所示。将时间标签放置在 00:00:00:13 的位置。将鼠标指针放在"运动"文件的结束位置并单击，当鼠标指针呈◄状时，将其向左拖曳到 00:00:00:13 的位置，如图 5-113 所示。

图 5-112

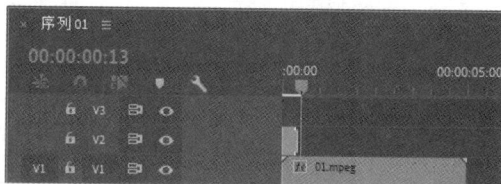

图 5-113

（3）将时间标签放置在 00:00:00:00 的位置。在"基本图形"面板中选择"运动"文本图层，"基本图形"面板的"对齐并变换"栏中的设置如图 5-114 所示，"文本"栏的设置如图 5-115 所示。

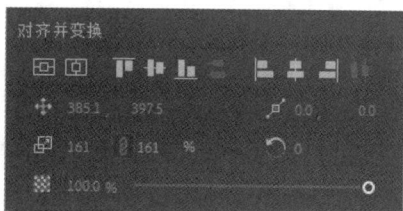

图 5-114

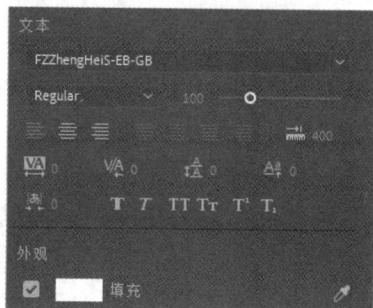

图 5-115

（4）选中"时间轴"面板中的"运动"文本图层。在"效果控件"面板中，展开"运动"选项，将"位置"选项设置为 640.0 和 360.0，单击"位置"选项左侧的"切换动画"按钮 ，记录第 1 个动画关键帧，如图 5-116 所示。将时间标签放置在 00:00:00:05 的位置。在"效果控件"面板中，将"位置"选项设置为 569.0 和 360.0，记录第 2 个动画关键帧。单击"缩放"选项左侧的"切换动画"按钮 ，记录第 1 个动画关键帧，如图 5-117 所示。

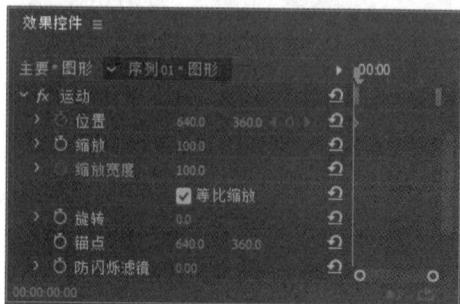

图 5-116

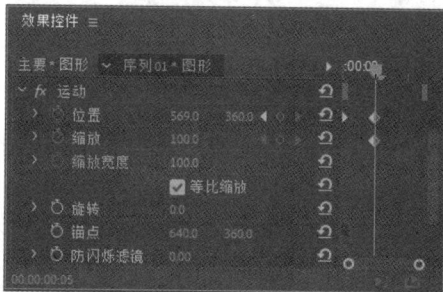

图 5-117

（5）将时间标签放置在 00:00:00:12 的位置。在"效果控件"面板中，将"缩放"选项设置为 70.0，如图 5-118 所示，记录第 2 个动画关键帧。"时间轴"面板中最终的设置效果如图 5-119 所示。

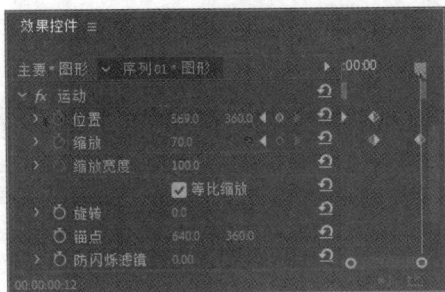

图 5-118

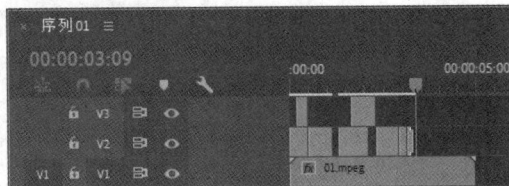

图 5-119

3. 添加装饰图形和动画

（1）将时间标签放置在 00:00:03:09 的位置。选择"基本图形"面板，单击"编辑"选项卡，单击"新建图层"按钮■，在弹出的菜单中选择"矩形"命令，"时间轴"面板中的"V2"轨道中生成"图形"文件，如图 5-120 所示，"节目监视器"窗口中的效果如图 5-121 所示。

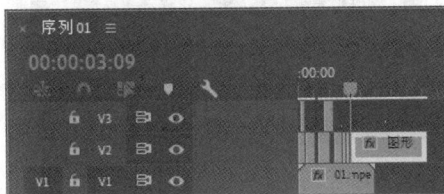

图 5-120

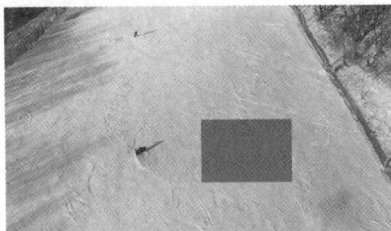

图 5-121

（2）在"时间轴"面板中选中"图形"文件。在"基本图形"面板中选择"形状 01"图层，在"外观"栏中将"填充"颜色设置为红色（230、61、24），"对齐并变换"栏中的设置如图 5-122 所示。选择"工具"面板中的"钢笔"工具■，在"节目监视器"窗口选择右上角、右下角和左下角的锚点，并拖曳到适当的位置，效果如图 5-123 所示。

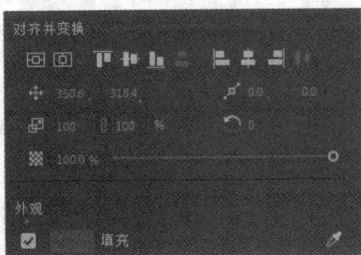

图 5-122

图 5-123

（3）将鼠标指针放在"图形"文件的结束位置单击，当鼠标指针呈◀状时，将其向左拖曳到"01"文件的结束位置，如图 5-124 所示。

（4）选择"效果控件"面板，展开"形状（形状 01）"选项，取消勾选"等比缩放"复选框，将"垂直缩放"选项设置为 0，单击"垂直缩放"选项左侧的"切换动画"按钮■，记录第 1 个动画关键帧，如图 5-125 所示。将时间标签放置在 00:00:03:22 的位置。在"效果控件"面板中，将"垂直缩放"选项设置为 100，记录第 2 个动画关键帧，如图 5-126 所示。

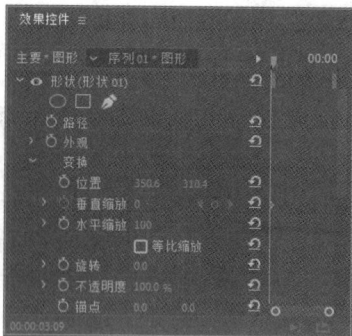
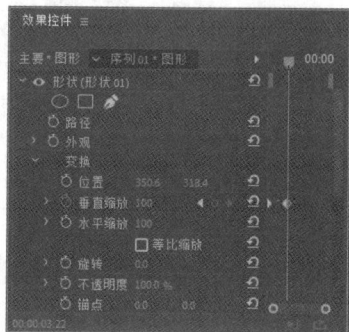

图 5-124	图 5-125	图 5-126

（5）将时间标签放置在 00:00:03:14 的位置。在"项目"面板中，选中"02"文件并将其拖曳到"时间轴"面板中的"V3"轨道中，如图 5-127 所示。将鼠标指针放在"02"文件的结束位置并单击，当鼠标指针呈◀状时，将其向左拖曳指针到"01"文件的结束位置，如图 5-128 所示。

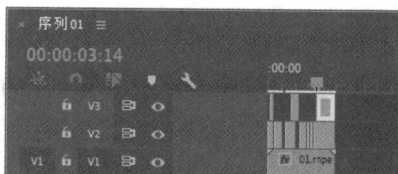

图 5-127	图 5-128

（6）将时间标签放置在 00:00:03:20 的位置。在"效果控件"面板中，展开"运动"选项，将"位置"选项设置为 590.0 和 437.0，单击"位置"选项左侧的"切换动画"按钮 ⏱，记录第 1 个动画关键帧，如图 5-129 所示。将时间标签放置在 00:00:04:03 的位置，将"位置"选项设置为 590.0 和 370.0，记录第 2 个动画关键帧，如图 5-130 所示。

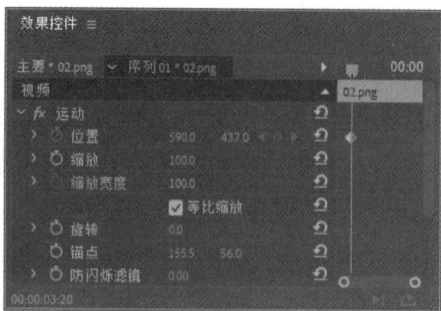
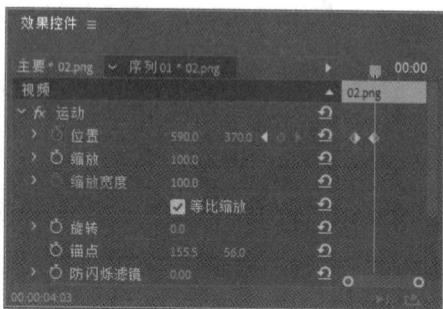

图 5-129	图 5-130

（7）将时间标签放置在 00:00:03:20 的位置。在"效果控件"面板中，展开"不透明度"选项，将"不透明度"选项设置为 0.0%，记录第 1 个动画关键帧，如图 5-131 所示。将时间标签放置在 00:00:03:22 的位置。将"不透明度"选项设置为 100.0%，记录第 2 个动画关键帧，如图 5-132 所示。

（8）在"项目"面板中，选中"03"文件并将其拖曳到"时间轴"面板中的"A1"轨道中，如图 5-133 所示。将鼠标指针放在"03"文件的结束位置并单击，当鼠标指针呈◀状时，将其向左拖曳到"01"文件的结束位置，如图 5-134 所示。运动产品广告制作完成。

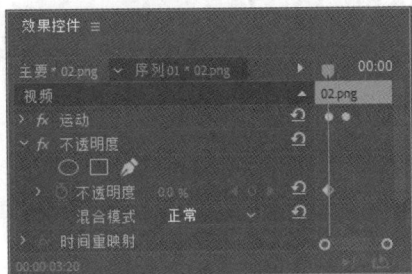

图 5-131

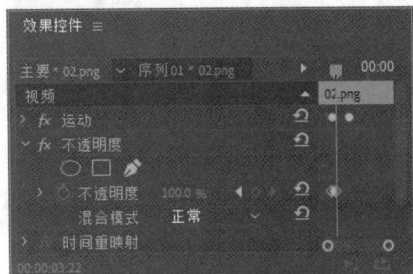

图 5-132

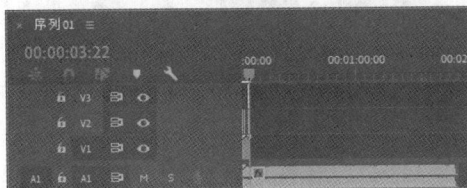

图 5-133

图 5-134

任务四　课后实战演练

5.4.1　制作汽车新品广告

【练习知识要点】

使用"导入"命令导入素材文件，使用"时间轴"面板控制图像的出场顺序，使用"效果控件"面板设置图像的位置、缩放和不透明度选项并制作动画效果，使用不同的过渡效果制作图像之间的过渡效果，最终效果如图 5-135 所示。

微课：制作汽车
新品广告

图 5-135

【案例所在位置】

云盘中的"项目五/制作汽车新品广告/制作汽车新品广告.prproj"。

5.4.2　制作时尚彩妆广告

【练习知识要点】

　　使用"导入"命令导入素材文件，使用"时间轴"面板控制图像的出场顺序，使用剪辑点调整素材文件，使用"效果控件"面板设置图像的位置、缩放和旋转选项并制作动画效果，使用"标记出点"命令调整音频文件的长度，最终效果如图 5-136 所示。

微课：制作时尚
彩妆广告

图 5-136

【案例所在位置】

　　云盘中的"项目五/制作时尚彩妆广告/制作时尚彩妆广告.prproj"。

06

项目六
制作节目片头

节目片头用于激发观众对故事内容的兴趣。本项目通过对
Premiere Pro 2020 中创建字幕对象和创建运动对象的讲解，帮
助读者在制作节目片头的过程中掌握创建字幕的技巧；以多
类主题的节目片头为例，讲解节目片头的构思方法和制作技
巧，读者通过学习可以设计并制作出风格独特的节目片头。

知识目标

- 熟练掌握创建字幕文字的方法。
- 掌握创建运动字幕的技巧。
- 掌握节目片头的构思方法和制作技巧。

技能目标

- 掌握利用不同类型的字幕创造出风格各异的字幕的方法。
- 掌握利用运动字幕创建垂直滚动及横向游动的字幕的技巧。
- 掌握不同主题节目片头的构思方法和实际制作技巧。

素养目标

- 培养熟练制作字幕的技术操作能力。
- 提高信息传达能力。
- 培养个人创意与艺术风格的表达能力。

任务一　创建字幕

在 Premiere Pro 2020 中，用户可以非常方便地创建出传统字幕、图形字幕和开放式字幕，也可以创建出沿路径行走的字幕以及段落字幕。

6.1.1　创建传统字幕

创建传统字幕的具体操作步骤如下。

（1）选择"文件>新建>旧版标题"命令，弹出"新建字幕"对话框，如图 6-1 所示，单击"确定"按钮，弹出"字幕"编辑面板，如图 6-2 所示。

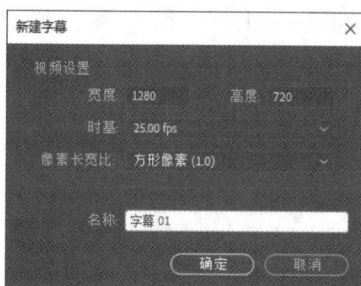

图 6-1

图 6-2

（2）单击左上角的 ≡ 按钮，在弹出的菜单中选择"工具"命令，如图 6-3 所示，弹出"旧版标题工具"面板，如图 6-4 所示。

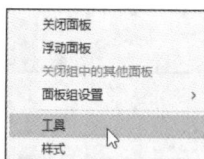

图 6-3

图 6-4

（3）选择"旧版标题工具"中的"文字"工具 **T**，在"字幕"编辑面板中合适的位置分别单击并输入文字，如图 6-5 所示。单击左上角的 ≡ 按钮，在弹出的菜单中选择"样式"命令，弹出"旧版标题样式"面板，如图 6-6 所示。

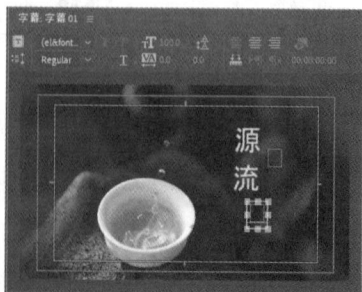

图 6-5

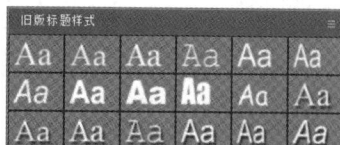

图 6-6

（4）框选输入的文字，在"旧版标题样式"面板中选择需要的字幕样式，如图 6-7 所示。"字幕"编辑面板中的文字如图 6-8 所示。

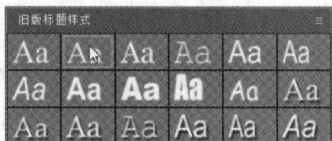

图 6-7

图 6-8

（5）分别选中输入的文字，在"字幕"编辑面板上方的属性栏中设置字体和字体大小，设置完成的"字幕"编辑面板中的文字如图 6-9 所示。用类似的方法添加其他文字和印章，"节目监视器"中的最终效果如图 6-10 所示。选择"旧版标题工具"面板中的"垂直文字"工具 **IT**，在"字幕"编辑面板中可以添加垂直文字。

图 6-9

图 6-10

6.1.2 创建图形字幕

创建图形字幕的具体操作步骤如下。

（1）选择"工具"面板中的"文字"工具 **T**，在"节目监视器"窗口中合适的位置分别单击并输入文字，如图 6-11 所示，在"时间轴"面板中的"V2"轨道中生成图形文件，如图 6-12 所示。

图 6-11

图 6-12

（2）选择"窗口>基本图形"命令，弹出"基本图形"面板，单击"编辑"选项卡，选中第一行，如图 6-13 所示，在"外观"栏中将"填充"选项设置为白色，"文本"栏中的设置如图 6-14 所示，"对齐并变换"栏中的设置如图 6-15 所示。

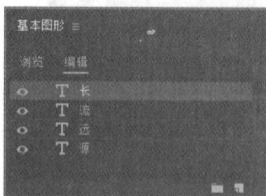

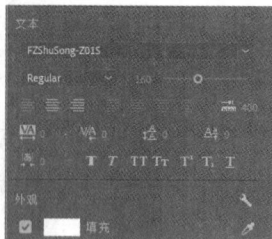

图 6-13　　　　　　　　　　　　图 6-14　　　　　　　　　　　　图 6-15

（3）用类似的方法选择并设置其他文字，"节目监视器"窗口中的效果如图 6-16 所示。用类似的方法添加其他文字和印章，"节目监视器"中的最终效果如图 6-17 所示。选择"工具"面板中的"垂直文字"工具 ，可以在"节目监视器"窗口中输入垂直文字。

图 6-16　　　　　　　　　　　　　　　　　　　图 6-17

6.1.3　创建开放式字幕

创建开放式字幕的具体操作步骤如下。

（1）选择"文件>新建>字幕"命令，弹出"新建字幕"对话框，在"标准"下拉列表中选择"开放式字幕"，其他设置如图 6-18 所示，单击"确定"按钮，在"项目"面板中生成"开放式字幕"文件，如图 6-19 所示。

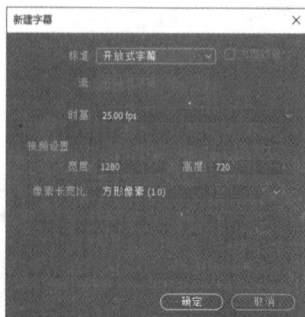

图 6-18　　　　　　　　　　　　　　　　　　　图 6-19

（2）双击"项目"面板中的"开放式字幕"文件，弹出"字幕"面板，如图 6-20 所示。在面板右下方的文本框中输入文字，并在上方的属性设置栏中设置文字的字体、大小、行距、颜色、背景不透明度和字幕块位置，如图 6-21 所示。

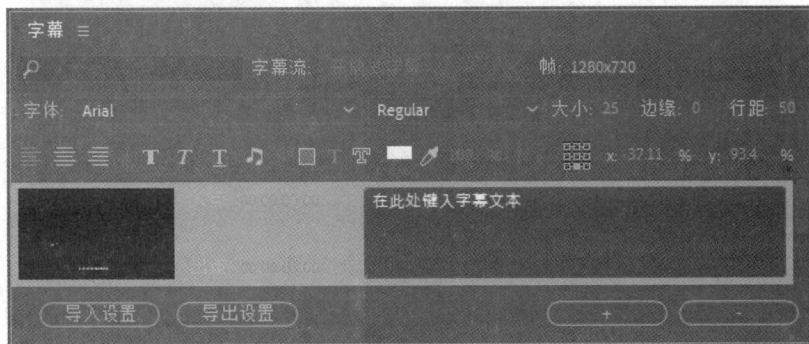

图 6-20

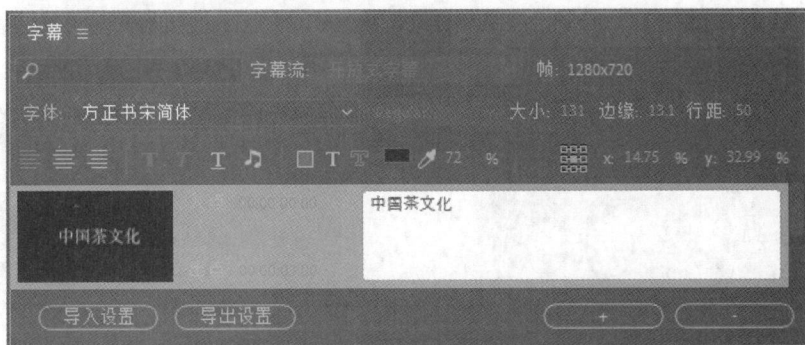

图 6-21

（3）在"字幕"面板下方单击 + 按钮，添加字幕，如图 6-22 所示。在面板右下方的文本框中输入文字，并在上方的属性设置栏中设置文字的大小、颜色、背景不透明度和字幕块位置，如图 6-23 所示。

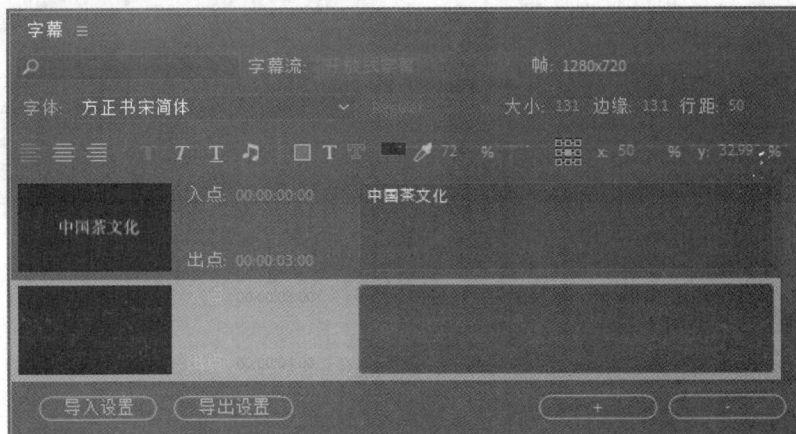

图 6-22

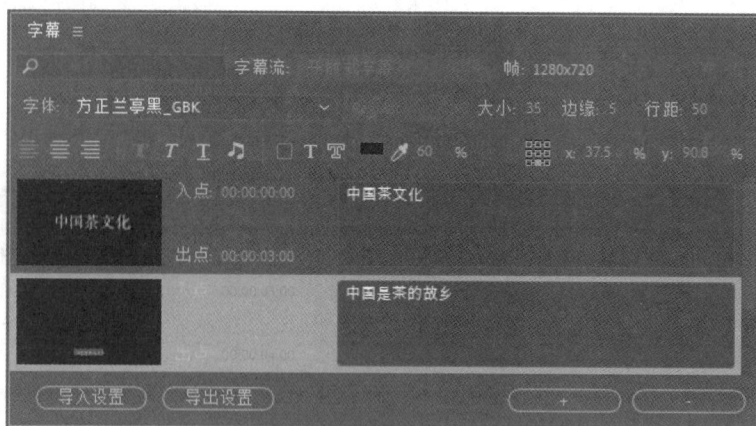

图 6-23

（4）在"项目"面板中，选中"开放式字幕"文件并将其拖曳到"时间轴"面板中的"V2"轨道中，如图 6-24 所示。将鼠标指针放在"开放式字幕"文件的结束位置，当鼠标指针呈 ◀ 状时，将其向右拖曳到"01"文件的结束位置，如图 6-25 所示，"节目监视器"窗口中的效果如图 6-26 所示。将时间标签放置在 00:00:03:00 的位置，"节目监视器"窗口中的效果如图 6-27 所示。

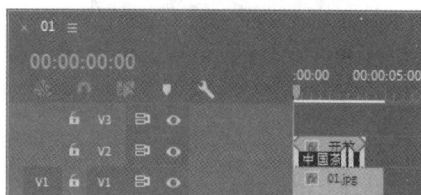

图 6-24

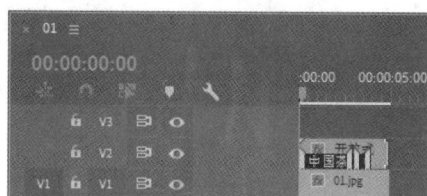

图 6-25

图 6-26

图 6-27

6.1.4　创建路径字幕

创建路径文字的具体操作步骤如下。

（1）选择"文件>新建>旧版标题"命令，弹出"新建字幕"对话框，如图 6-28 所示，单击"确定"按钮，弹出"字幕"编辑面板，如图 6-29 所示。

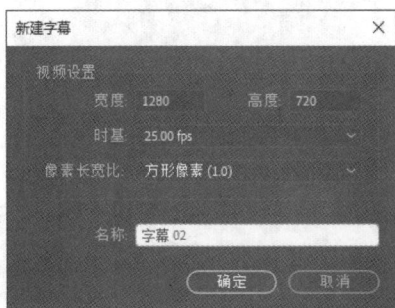

图 6-28

图 6-29

（2）单击左上角的▤按钮，在弹出的菜单中选择"工具"命令，如图 6-30 所示，弹出"旧版标题工具"面板，如图 6-31 所示。

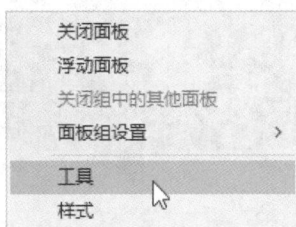

图 6-30

图 6-31

（3）选择"旧版标题工具"中的"路径文字"工具▨，在"字幕"编辑面板中拖曳鼠标指针绘制路径，如图 6-32 所示。选择"路径文字"工具▨，在路径上单击插入光标，输入需要的文字，如图 6-33 所示。

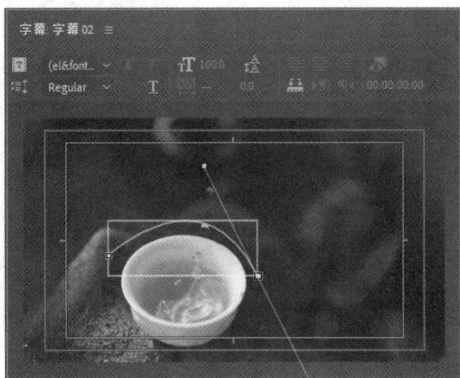

图 6-32

图 6-33

（4）单击左上角的▤按钮，在弹出的菜单中选择"属性"命令，如图 6-34 所示，弹出"旧版标题属性"面板，展开"填充"栏，将"颜色"选项设置为白色；展开"属性"栏，选项的设置如图 6-35 所示，"字幕"编辑面板中的效果如图 6-36 所示。如果在步骤（3）中选择"垂直路径文字"工具▨，则可以制作垂直路径文字，"字幕"编辑面板中的对应效果如图 6-37 所示。

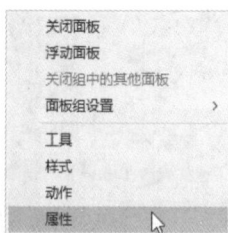

图 6-34

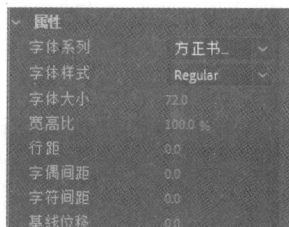

图 6-35

图 6-36

图 6-37

6.1.5 创建段落字幕

1．在"字幕"面板创建段落字幕

（1）选择"文件>新建>旧版标题"命令，弹出"新建字幕"对话框，如图 6-38 所示，单击"确定"按钮，弹出"字幕"编辑面板。选择"旧版标题工具"中的"文字"工具 **T**，在"字幕"编辑面板中拖曳出一个文本框，如图 6-39 所示。

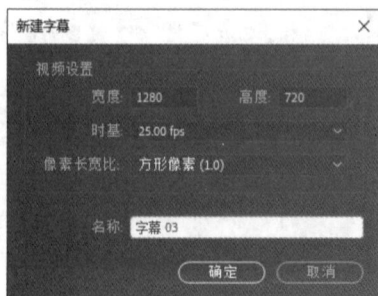

图 6-38

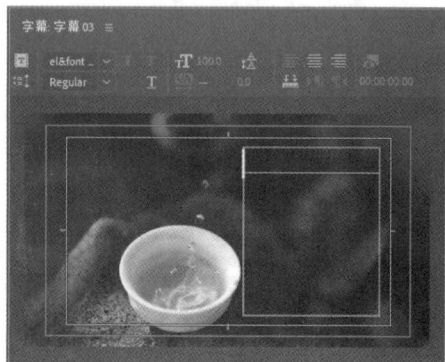

图 6-39

（2）在文本框中输入段落文字，如图 6-40 所示。在"旧版标题属性"面板，展开"填充"栏，将"颜色"选项设置为白色；展开"属性"栏，选项的设置如图 6-41 所示，"字幕"编辑面板中的效果如图 6-42 所示。如果在步骤（1）中选择"垂直文字"工具 **T**，则可以制作垂直段落文字，"字幕"编辑面板中的对应效果如图 6-43 所示。

图 6-40

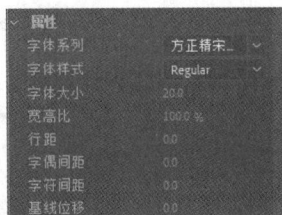

图 6-41

图 6-42

图 6-43

2. 在"节目监视器"窗口创建段落字幕

选择"工具"面板中的"文字"工具 T ，直接在"节目监视器"窗口中拖曳出一个文本框并在文本框中输入文字，在"基本图形"面板的"编辑"选项卡中设置文字属性，效果如图 6-44 所示。利用"垂直文字"工具 T 可以输入垂直段落文字，对应效果如图 6-45 所示。

图 6-44

图 6-45

6.1.6　实训项目：制作饮食节目片头的遮罩文字

【案例知识要点】

使用"导入"命令导入素材文件，使用"文字"工具添加文字，使用"基本图形"面板编辑文本，使用"高斯模糊"效果、"轨道遮罩键"效果、"交叉溶解"效果和"效果控件"面板制作遮罩文字，最终效果如图 6-46 所示。

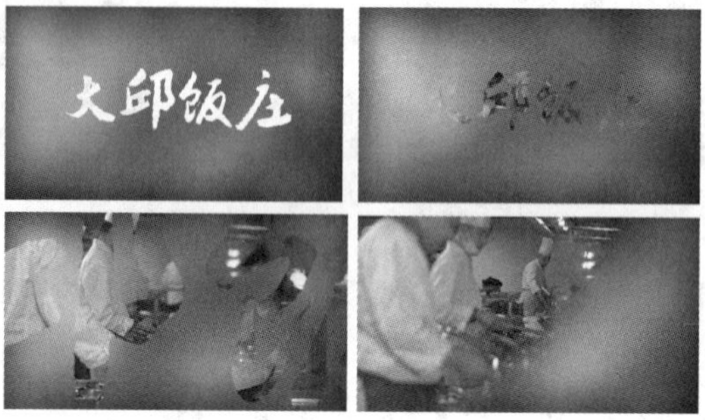

微课：制作饮食节目
片头的遮罩文字

图 6-46

【案例操作步骤】

（1）启动 Premiere Pro 2020，选择"文件>新建>项目"命令，弹出"新建项目"对话框，如图 6-47 所示，单击"确定"按钮，新建项目。

（2）选择"文件>导入"命令，弹出"导入"对话框，选择本书云盘中的"项目六/制作饮食节目片头的遮罩文字/素材/01"文件，如图 6-48 所示，单击"打开"按钮，将"01"文件导入到"项目"面板中，如图 6-49 所示。将"项目"面板中的"01"文件拖曳到"时间轴"面板中生成"01"序列，同时，"01"文件被放置到 V1"轨道中，如图 6-50 所示。

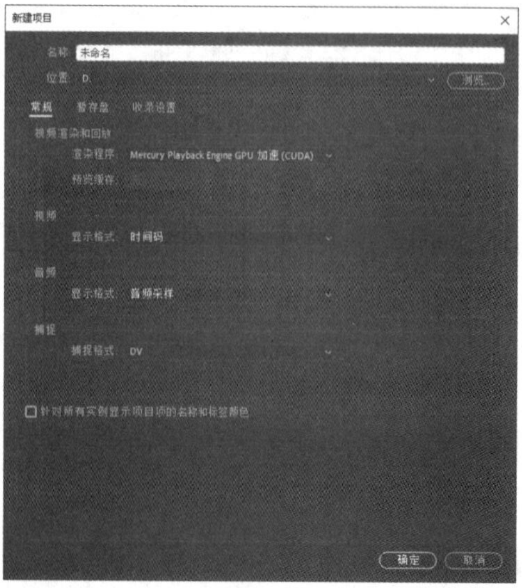

图 6-47

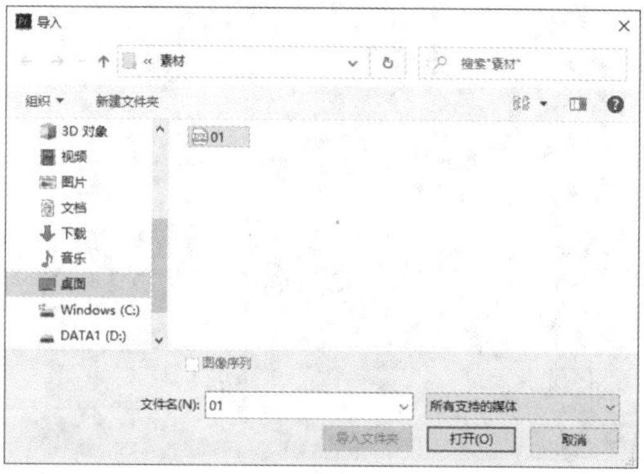

图 6-48

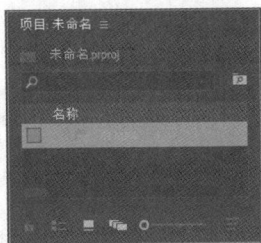

图 6-49

图 6-50

（3）按住 Alt 键的同时，选中下方的音频文件，如图 6-51 所示。按 Delete 键，删除音频文件，如图 6-52 所示。

图 6-51

图 6-52

（4）将时间标签放置在 00:00:13:00 的位置。将鼠标指针放在"01"文件的结束位置并单击，当鼠标指针呈 状时，将其向左拖曳到 00:00:13:00 的位置，如图 6-53 所示。选中"时间轴"面板中的"01"文件，按住 Alt 键的同时，将其向上拖曳到"V2"轨道中进行复制，如图 6-54 所示。

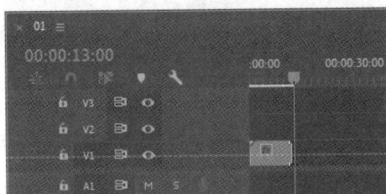

图 6-53

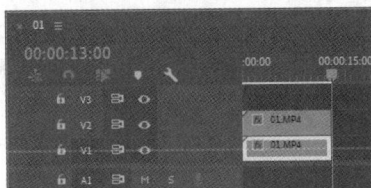

图 6-54

（5）将时间标签放置在 00:00:00:00 的位置。选择"工具"面板中的"文字"工具 **T**，在"节目监视器"窗口中单击并输入文字，如图 6-55 所示。同时，在"时间轴"面板中的"V3"轨道中生成图形文件，如图 6-56 所示。

图 6-55

图 6-56

（6）选择"窗口>基本图形"命令，弹出"基本图形"面板，单击"编辑"选项卡，在"外观"栏中将"填充"选项设置为黑色，"文本"栏中的设置如图 6-57 所示，"对齐并变换"栏中的设置如图 6-58 所示。"节目监视器"窗口中的效果如图 6-59 所示。

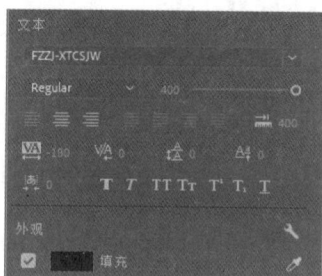

图 6-57

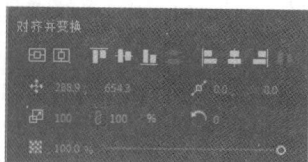

图 6-58

图 6-59

（7）将鼠标指针放在图形文件的结束位置并单击，当鼠标指针呈◀状时，将其向右拖曳到"01"
文件的结束位置，如图 6-60 所示。选中"时间轴"面板中的图形文件。按住 Alt 键的同时，将其向
上拖曳到"V3"轨道上方的空白区域，在生成的"V4"轨道中复制文件，如图 6-61 所示。

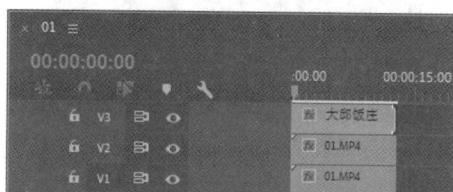

图 6-60

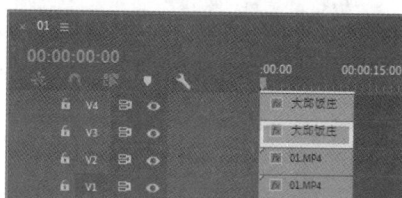

图 6-61

（8）将时间标签放置在 00:00:02:12 的位置。将鼠标指针放在图形文件的结束位置单击，当鼠
标指针呈◀状时，将其向左拖曳到 00:00:02:12 的位置，如图 6-62 所示。将时间标签放置在
00:00:00:00 的位置。选中"时间轴"面板"V4"轨道中的图形文件。选择"效果控件"面板，展
开"文本"选项，在"外观"栏中将"填充"选项设置为白色，如图 6-63 所示。

图 6-62

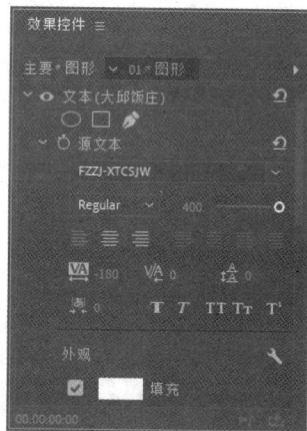

图 6-63

（9）选择"效果"面板，展开"视频效果"分类选项，单击"模糊与锐化"文件夹前面的右尖括
号按钮▶将其展开，选中"高斯模糊"效果，如图 6-64 所示。将"高斯模糊"效果拖曳到"时间轴"
面板中的"V1"轨道中的"01"文件上。在"效果控件"面板中，展开"高斯模糊"效果选项，将
"模糊度"选项设置为 350.0，如图 6-65 所示。

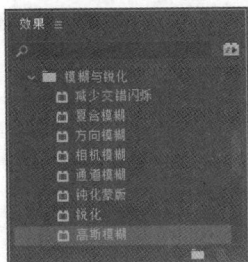

图 6-64

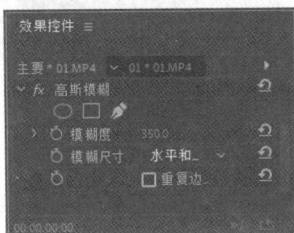

图 6-65

（10）在"效果"面板中，单击"键控"文件夹前面的右尖括号按钮▶将其展开，选中"轨道遮罩键"效果，如图 6-66 所示。将"轨道遮罩键"效果拖曳到"时间轴"面板中的"V2"轨道中的"01"文件上。在"效果控件"面板中，展开"轨道遮罩键"效果选项，将"遮罩"选项设置为"视频 3"，如图 6-67 所示。

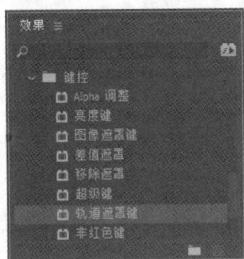

图 6-66

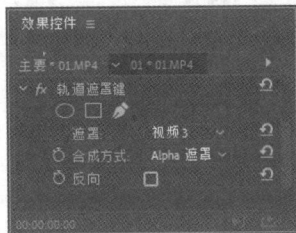

图 6-67

（11）将时间标签放置在 00:00:03:10 的位置。选中"时间轴"面板中"V3"轨道中的图形文件。在"效果控件"面板中，展开"运动"选项，单击"缩放"选项左侧的"切换动画"按钮，记录第 1 个动画关键帧，如图 6-68 所示。将时间标签放置在 00:00:06:10 的位置，将"缩放"选项设置为 10000.0，如图 6-69 所示，记录第 2 个动画关键帧。

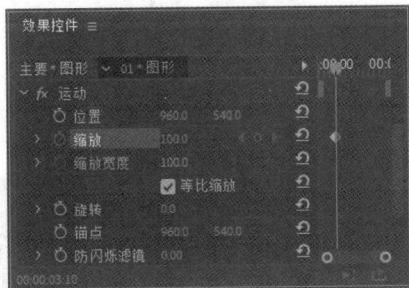

图 6-68

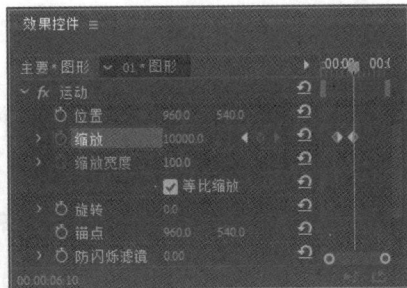

图 6-69

（12）将时间标签放置在 00:00:00:00 的位置。在"效果"面板中，展开"视频过渡"分类选项，单击"溶解"文件夹前面的右尖括号按钮▶将其展开，选中"交叉溶解"效果，如图 6-70 所示。将"交叉溶解"效果拖曳到"时间轴"面板中"V4"轨道的图形文件的结束位置。在"效果控件"面板中，展开"交叉溶解"效果选项，将"持续时间"选项设置为 00:00:01:00，如图 6-71 所示。饮食节目片头的遮罩文字制作完成。

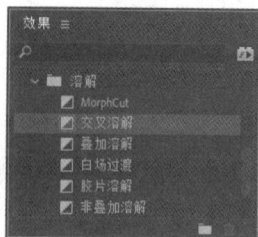

图 6-70

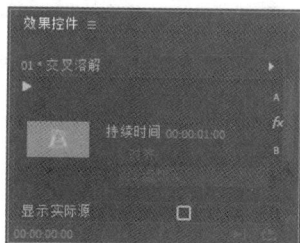

图 6-71

任务二　创建运动字幕

在观看电影时，经常会看到影片的结尾会有滚动文字，这些文字主要用于显示导演与演员的姓名等信息。影片中人物对话时，屏幕下方也会出现人物对白的文字。这些文字可以通过使用视频编辑软件添加到视频画面中。利用 Premiere Pro 2020 可以制作垂直滚动字幕和横向游动字幕。

6.2.1　制作垂直滚动字幕

1. 在"字幕"面板中制作垂直滚动字幕

（1）启动 Premiere Pro 2020，在"项目"面板中导入素材并将其添加到"时间轴"面板中的"V1"轨道中。

（2）选择"文件>新建>旧版标题"命令，弹出"新建字幕"对话框，单击"确定"按钮。

（3）选择"旧版标题工具"面板中的"文字"工具 **T**，在"字幕"面板中拖曳生成一个文本框，在文本框中输入需要的文字并对文字属性进行相应的设置，如图 6-72 所示。

（4）在"字幕"面板中单击"滚动/游动选项"按钮 ，在弹出的对话框中选择"滚动"选项，在"定时（帧）"栏中勾选"开始于屏幕外"和"结束于屏幕外"复选框，其他参数的设置如图 6-73 所示，单击"确定"按钮。制作的字幕会自动保存在"项目"面板中。

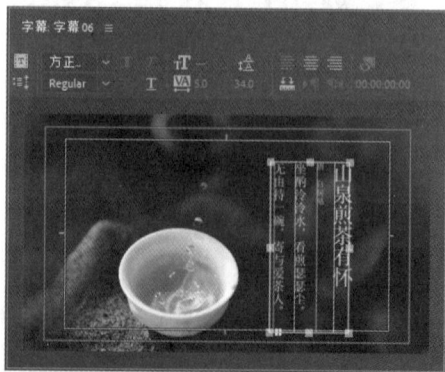

图 6-72

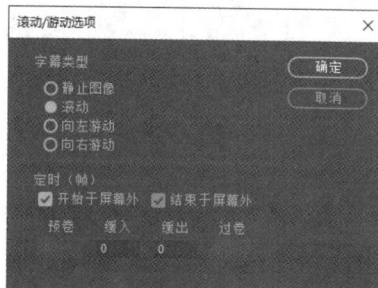

图 6-73

（5）从"项目"面板中将新建的字幕添加到"时间轴"面板的"V2"轨道中，并将其调整为与"V1"轨道中的素材等长，如图 6-74 所示。

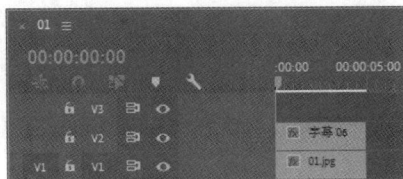

图 6-74

（6）单击"节目监视器"窗口下方的 ▶ 按钮，即可预览字幕的垂直滚动效果，如图 6-75 和图 6-76 所示。

图 6-75

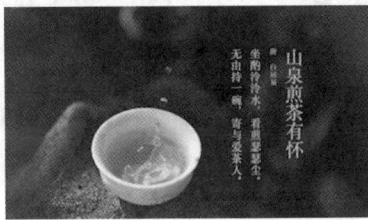

图 6-76

2. 在"基本图形"面板中制作垂直滚动字幕

在 Premiere Pro 2020 中创建图形字幕后，在"基本图形"面板中取消文字图层的选取状态，如图 6-77 所示。勾选"滚动"复选框，在弹出的选项中设置滚动选项，可以制作垂直滚动字幕，如图 6-78 所示。

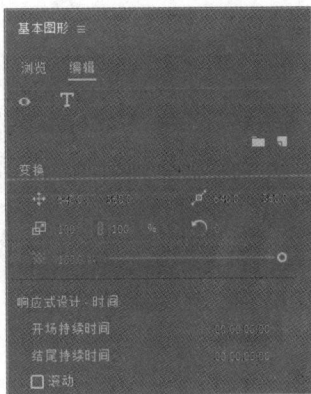

图 6-77

图 6-78

6.2.2 制作横向游动字幕

制作横向游动字幕与制作垂直滚动字幕的操作基本相同，其具体操作步骤如下。

（1）启动 Premiere Pro 2020，在"项目"面板中导入素材并将其添加到"时间轴"面板中的"V1""V2"轨道上。

（2）选择"文件>新建>旧版标题"命令，弹出"新建字幕"对话框，单击"确定"按钮。

（3）选择"旧版标题工具"中的"文字"工具 **T**，在"字幕"编辑面板中单击并输入文字，设置文字样式和属性，如图 6-79 所示。

（4）单击"字幕"编辑面板左上方的"滚动/游动选项"按钮，在弹出的对话框中选择"向左游动"选项，设置如图 6-80 所示，单击"确定"按钮。制作的字幕会自动保存在"项目"面板中。

图 6-79

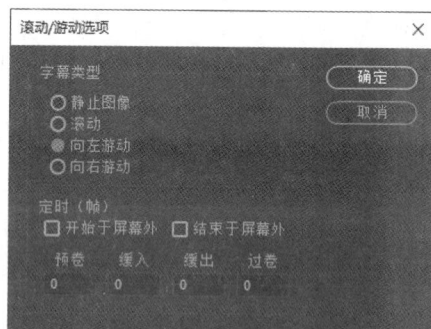

图 6-80

（5）从"项目"面板中将新建的字幕添加到"时间轴"面板的"V3"轨道上，如图 6-81 所示。选择"效果"面板，展开"视频效果"分类选项，单击"键控"文件夹前面的右尖括号按钮将其展开，选中"轨道遮罩键"效果，如图 6-82 所示。

（6）将"轨道遮罩键"效果拖曳到"时间轴"面板"V2"轨道中的"02"文件上。在"效果控件"面板中，展开"轨道遮罩键"选项，设置如图 6-83 所示。

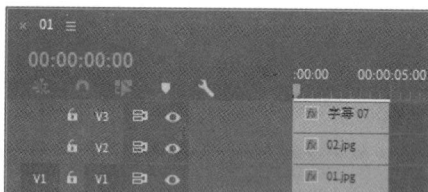

图 6-81

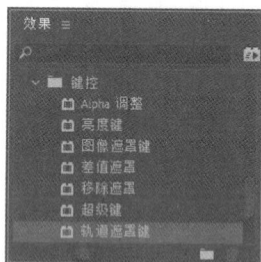

图 6-82

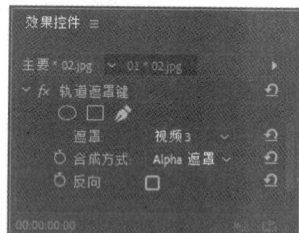

图 6-83

（7）单击"节目监视器"窗口下方的按钮，即可预览字幕的横向游动效果，如图 6-84 和图 6-85 所示。

图 6-84

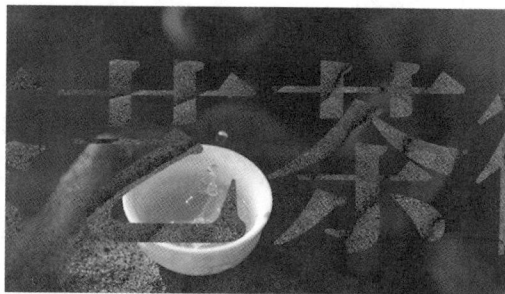

图 6-85

任务三　综合实训项目

6.3.1　制作助农节目片头

【案例知识要点】

使用"导入"命令导入素材文件，使用"ProcAmp"效果和"光照效果"效果调整素材，使用"旧版标题"命令创建字幕，使用"字幕"编辑面板添加文字并制作滚动字幕，使用"旧版标题属性"面板编辑字幕，最终效果如图 6-86 所示。

图 6-86

微课：制作助农
节目片头

【案例操作步骤】

（1）启动 Premiere Pro 2020，选择"文件>新建>项目"命令，弹出"新建项目"对话框，如图 6-87 所示，单击"确定"按钮，新建项目。选择"文件>新建>序列"命令，弹出"新建序列"对话框，单击"设置"选项卡，设置如图 6-88 所示，单击"确定"按钮，新建序列。

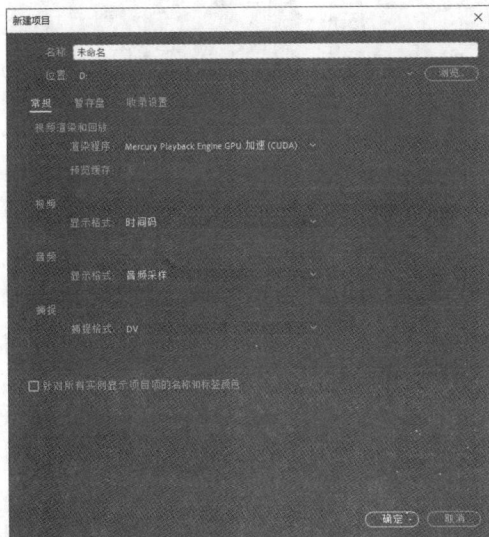

图 6-87

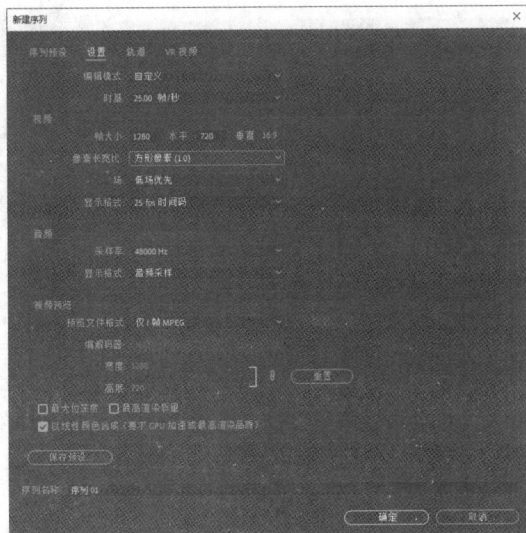

图 6-88

（2）选择"文件>导入"命令，弹出"导入"对话框，选择本书云盘中的"项目六/制作助农节目片头/素材/01"文件，如图 6-89 所示，单击"打开"按钮，将素材文件导入到"项目"面板中，如图 6-90 所示。

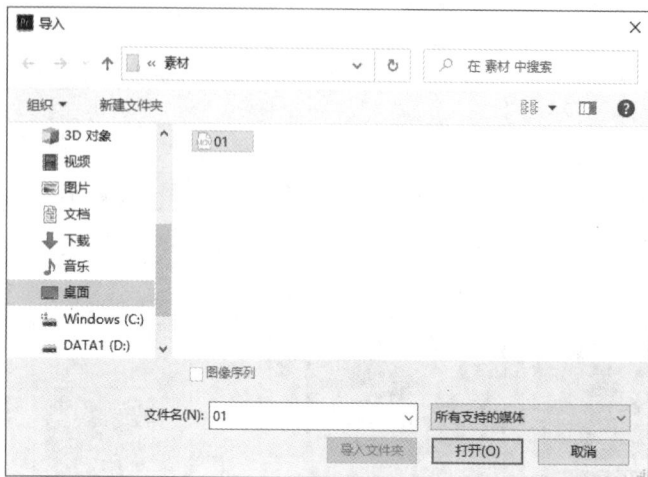

图 6-89

图 6-90

（3）在"项目"面板中，选中"01"文件并将其拖曳到"时间轴"面板中的"V1"轨道中，如图 6-91 所示。

（4）选择"效果"面板，展开"视频效果"分类选项，单击"调整"文件夹前面的右尖括号按钮▶将其展开，选中"ProcAmp"效果，如图 6-92 所示。将"ProcAmp"效果拖曳到"时间轴"面板"V1"轨道中的"01"文件上。在"效果控件"面板中，展开"ProcAmp"选项，将"饱和度"选项设置为 135.0，如图 6-93 所示。

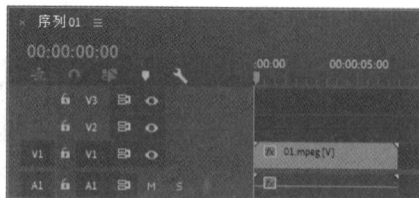

图 6-91

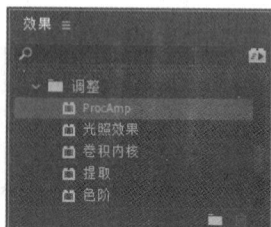

图 6-92

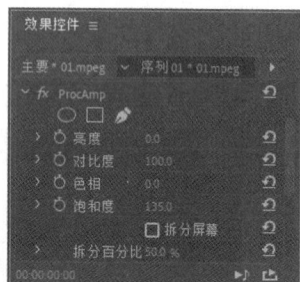

图 6-93

（5）在"效果"面板中，选择"光照效果"效果，如图 6-94 所示。将"光照效果"效果拖曳到"时间轴"面板"V1"轨道中的"01"文件上。在"效果控件"面板中，展开"光照效果"选项，将"光照类型"选项设置为"全光源"，"中央"选项设置为 79.0 和 360.0，"主要半径"选项设置为 20.0，"强度"选项设置为 38.0，单击"中央"选项左侧的"切换动画"按钮 ⏱，记录第 1 个动画关键帧，如图 6-95 所示。

（6）将时间标签放置在 00:00:05:19 的位置。将"中央"选项设置为 919.0 和 360.0，如图 6-96 所示，记录第 2 个动画关键帧。

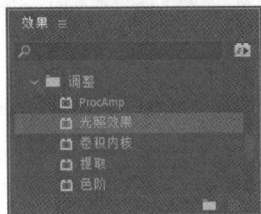
图 6-94

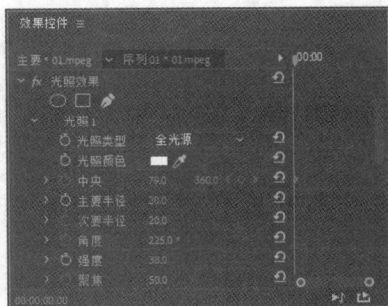
图 6-95

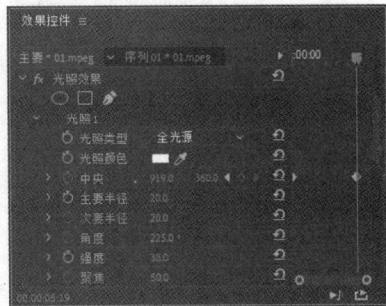
图 6-96

（7）选择"文件>新建>旧版标题"命令，弹出"新建字幕"对话框，如图6-97所示。单击"确定"按钮，在"项目"面板中生成"字幕01"文件，同时弹出"字幕"编辑面板。选择"旧版标题工具"中的"文字"工具 **T**，在"字幕"编辑面板中单击并输入文字，如图6-98所示。

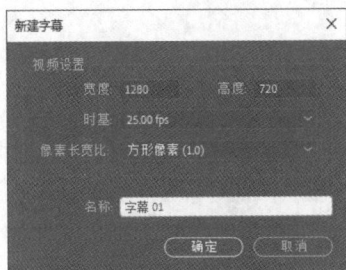
图 6-97

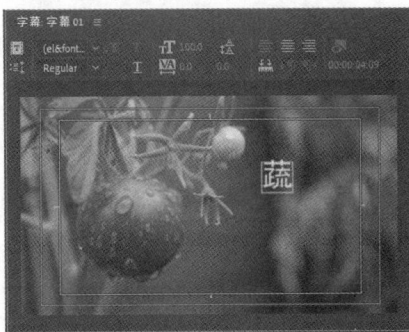
图 6-98

（8）选中文字。在"旧版标题属性"面板中，展开"变换"和"属性"选项，设置如图6-99所示。展开"填充"栏，将"颜色"选项设置为白色，"字幕"编辑面板中的效果如图6-100所示。

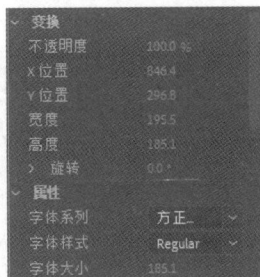
图 6-99

图 6-100

（9）用类似的方法输入其他文字，并分别填充为白色和红色（227、61、23），如图6-101所示。选择"旧版标题工具"中的"椭圆"工具，按住Shift键的同时，在"字幕"编辑面板中绘制圆形。在"旧版标题属性"面板中，展开"填充"栏，将"颜色"选项设置为白色，"字幕"编辑面板中的效果如图6-102所示。

图 6-101

图 6-102

（10）选择"选择"工具 ，选取圆形，按住 Alt 键的同时，拖曳鼠标指针复制出一个圆形并将其移动到适当的位置，如图 6-103 所示。在"旧版标题属性"面板中，展开"填充"栏，将"颜色"选项设置为红色（227、61、23），"字幕"编辑面板中的效果如图 6-104 所示。

图 6-103

图 6-104

（11）选择"选择"工具 ，选取最初的圆形，按住 Alt 键的同时，拖曳鼠标指针复制出一个圆形并将其移动到适当的位置，如图 6-105 所示。选择"钢笔"工具 ，按住 Shift 键的同时，在"字幕"编辑面板中绘制直线。在"旧版标题属性"面板中，展开"属性"栏，将"线宽"选项设置为 3.0，"字幕"编辑面板中的效果如图 6-106 所示。

图 6-105

图 6-106

（12）选择"选择"工具 ，选取直线，按住 Alt 键的同时，拖曳鼠标指针复制出一条直线并将其移动到适当的位置，如图 6-107 所示。在"字幕"编辑面板中单击"滚动/游动选项"按钮 ，在弹出的对话框中选中"滚动"选项，在"定时（帧）"栏中勾选"开始于屏幕外"复选框，如图6-108所示，单击"确定"按钮。

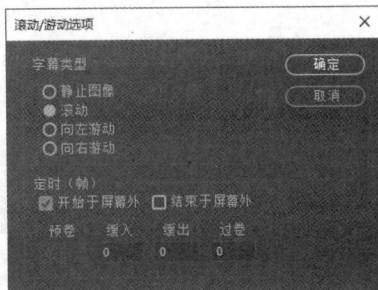

图6-107   图6-108

（13）将时间标签放置在00:00:01:10的位置。在"项目"面板中选中"字幕01"文件，将其拖曳到"时间轴"面板中的"V2"轨道中，如图6-109所示。将鼠标指针放在"字幕01"文件的结束位置，当鼠标指针呈█状时，将其向右拖曳到"01"文件的结束位置，如图6-110所示。助农节目片头制作完成。

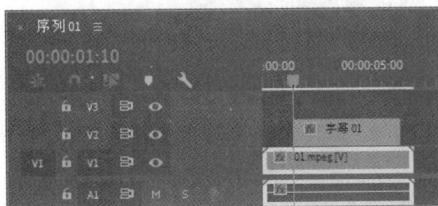
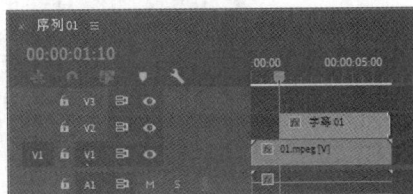

图6-109   图6-110

6.3.2 制作旅行节目片头

【案例知识要点】

使用"导入"命令导入素材文件，使用"旧版标题"命令创建字幕，使用"字幕"编辑面板添加并编辑文字，使用"旧版标题属性"面板编辑字幕，使用"自动色阶"效果调整素材颜色，使用"快速模糊入点"效果、"快速模糊出点"效果和"效果控件"面板制作模糊文字，最终效果如图6-111所示。

微课：制作旅行
节目片头

图6-111

【案例操作步骤】

（1）启动 Premiere Pro 2020，选择"文件>新建>项目"命令，弹出"新建项目"对话框，如图 6-112 所示，单击"确定"按钮，新建项目。

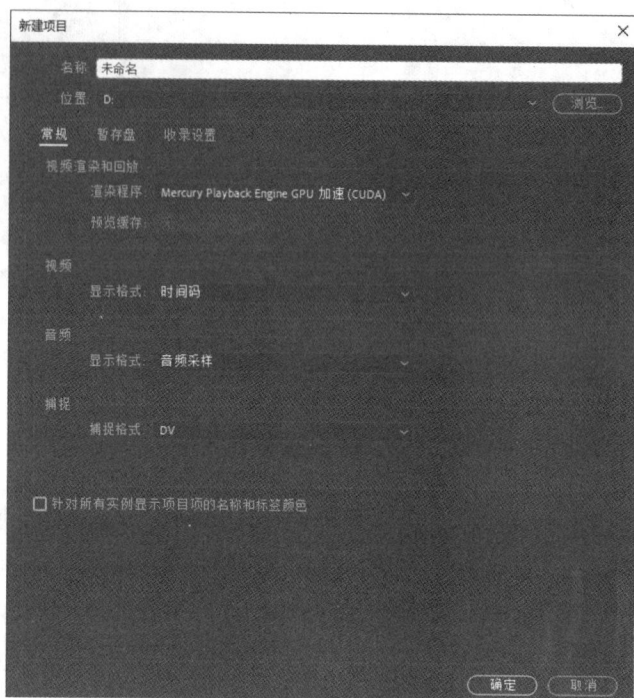

图 6-112

（2）选择"文件>导入"命令，弹出"导入"对话框，选择本书云盘中的"项目六/制作旅行节目片头/素材/01"文件，如图 6-113 所示，单击"打开"按钮，将素材文件导入到"项目"面板中，如图 6-114 所示。将"项目"面板中的"01"文件拖曳到"时间轴"面板中生成"01"序列，同时"01"文件被放置到"V1"轨道中，如图 6-115 所示。

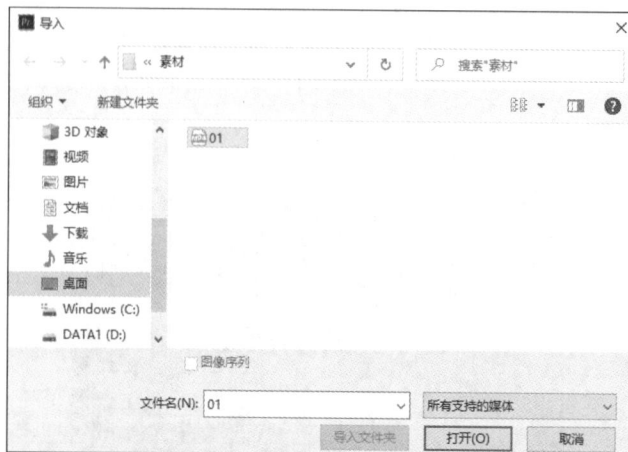

图 6-113

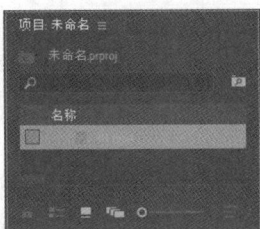

图 6-114

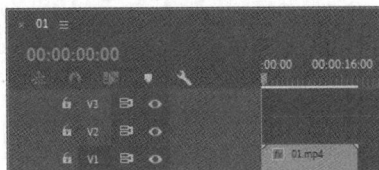

图 6-115

（3）将时间标签放置在 00:00:10:00 的位置。将鼠标指针放在"01"文件的结束位置并单击，如图 6-116 所示。当鼠标指针呈◀状时，将其向左拖曳到 00:00:10:00 的位置，如图 6-117 所示。

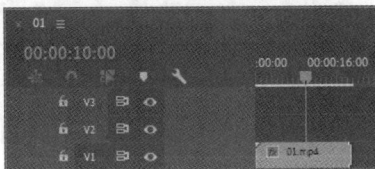

图 6-116

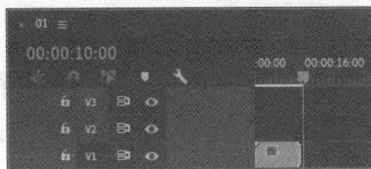

图 6-117

（4）选择"文件>新建>旧版标题"命令，弹出"新建字幕"对话框，如图 6-118 所示，单击"确定"按钮，弹出"字幕"编辑面板，同时在"项目"面板中生成"字幕 01"文件。选择"矩形"工具▢，在"字幕"编辑面板中绘制矩形，如图 6-119 所示。在"旧版标题属性"面板中，展开"填充"栏，将"颜色"选项设置为红色（225、0、0），如图 6-120 所示，"字幕"编辑面板中的效果如图 6-121 所示。

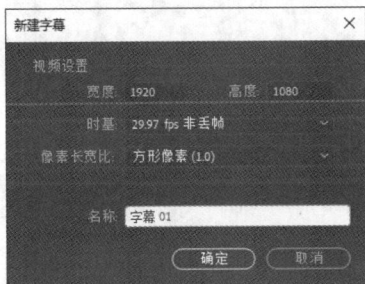

图 6-118

图 6-119

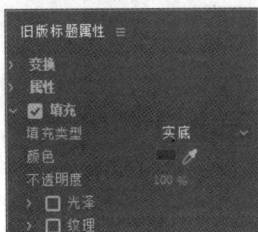

图 6-120

图 6-121

（5）选择"文字"工具 **T**，在"字幕"编辑面板中单击并输入文字，如图 6-122 所示。分别选中文字，在"字幕"编辑面板上方设置适当的字体、文字大小和位置。在"旧版标题属性"面板中，展开"填充"栏，将"颜色"选项设置为白色，"字幕"编辑面板中的效果如图 6-123 所示。

图 6-122

图 6-123

（6）将时间标签放置在 00:00:01:00 的位置。将"项目"面板中的"字幕 01"文件拖曳到"时间轴"面板中的"V2"轨道中，如图 6-124 所示。将时间标签放置在 00:00:08:00 的位置。将鼠标指针放在"01"文件的结束位置并单击，当鼠标指针呈 ◀ 状时，将其向右拖曳到 00:00:08:00 的位置，如图 6-125 所示。

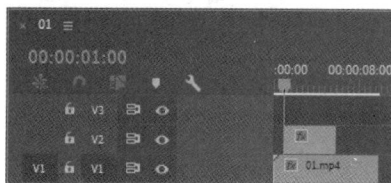

图 6-124

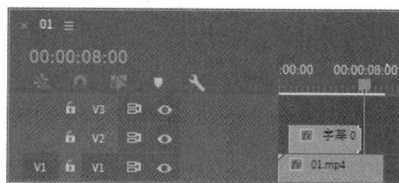

图 6-125

（7）选择"效果"面板，展开"视频效果"分类选项，单击"过时"文件夹前面的右尖括号按钮 ▶ 将其展开，选择"自动色阶"效果，如图 6-126 所示。将"自动色阶"效果拖曳到"时间轴"面板中的"01"文件上，如图 6-127 所示。

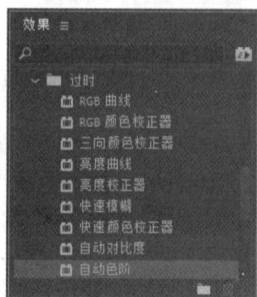

图 6-126

图 6-127

（8）在"效果"面板中，展开"预设"分类选项，单击"模糊"文件夹前面的右尖括号按钮 ▶ 将其展开，选中"快速模糊入点"效果，如图 6-128 所示。将"快速模糊入点"效果拖曳到"时间轴"

面板中的"字幕01"文件上。

（9）将时间标签放置在00:00:03:00的位置。在"效果控件"面板中，展开"快速模糊"特效，选择第2个关键帧，将其拖曳到时间标签的位置，如图6-129所示。

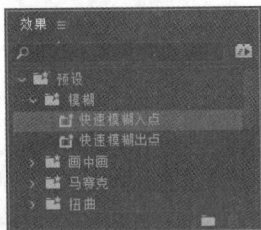

图6-128

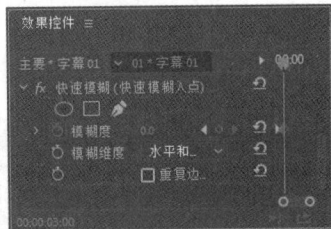

图6-129

（10）在"效果"面板中，选择"快速模糊出点"效果，如图6-130所示。将"快速模糊出点"效果拖曳到"时间轴"面板中的"字幕01"文件上。

（11）将时间标签放置在00:00:06:00的位置。在"效果控件"面板中，展开"快速模糊"特效，选择第1个关键帧，将其拖曳到时间标签的位置，如图6-131所示。旅行节目片头制作完成。

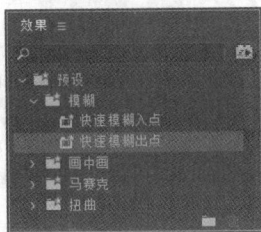

图6-130

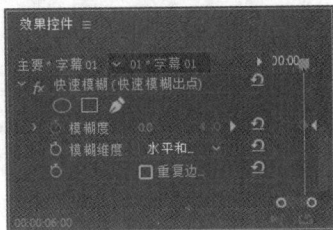

图6-131

6.3.3 制作壮丽黄河节目片头

【案例知识要点】

使用"导入"命令导入素材文件，使用"自动颜色"效果调整素材颜色，使用"投影"效果和"快速模糊出点"预设效果制作文字效果，使用"立体声扩展器"效果和"高音"效果为音频添加效果。最终效果如图6-132所示。

微课：制作壮丽
黄河节目片头

图6-132

【案例操作步骤】

（1）启动 Premiere Pro 2020，选择"文件>新建>项目"命令，弹出"新建项目"对话框，如图 6-133 所示，单击"确定"按钮，新建项目。

（2）选择"文件>新建>序列"命令，弹出"新建序列"对话框，单击"设置"选项卡，设置如图 6-134 所示，单击"确定"按钮，新建序列。

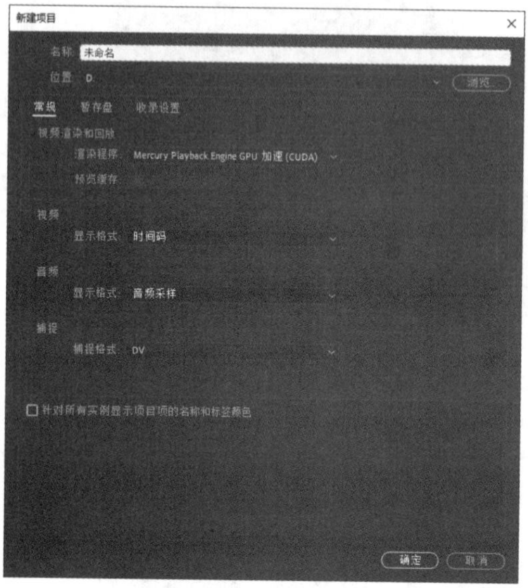

图 6-133

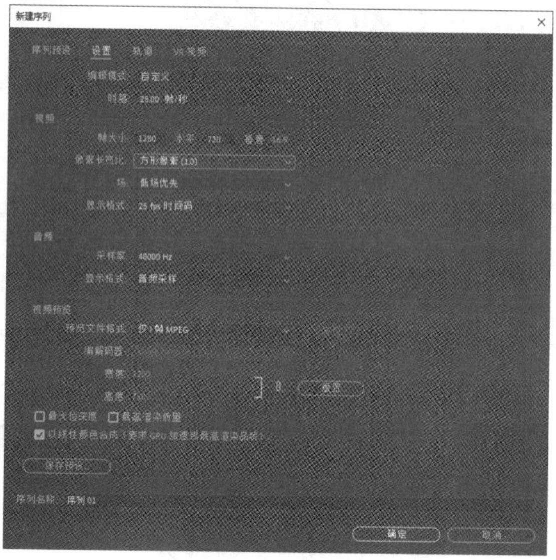

图 6-134

（3）选择"文件>导入"命令，弹出"导入"对话框，选择本书云盘中的"项目六/制作壮丽黄河节目片头/素材/01~03"文件，如图 6-135 所示，单击"打开"按钮，将素材文件导入到"项目"面板中，如图 6-136 所示。

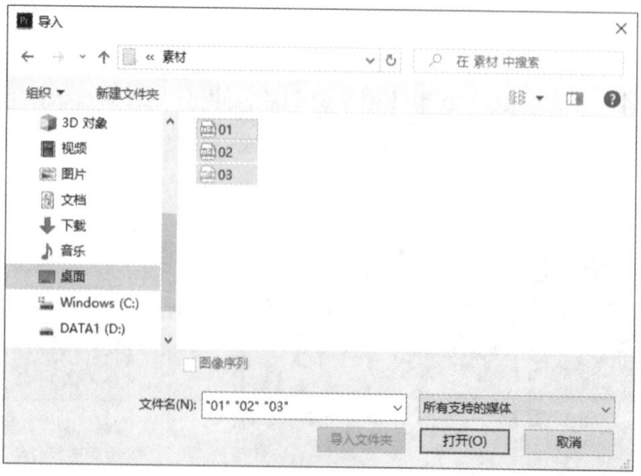

图 6-135

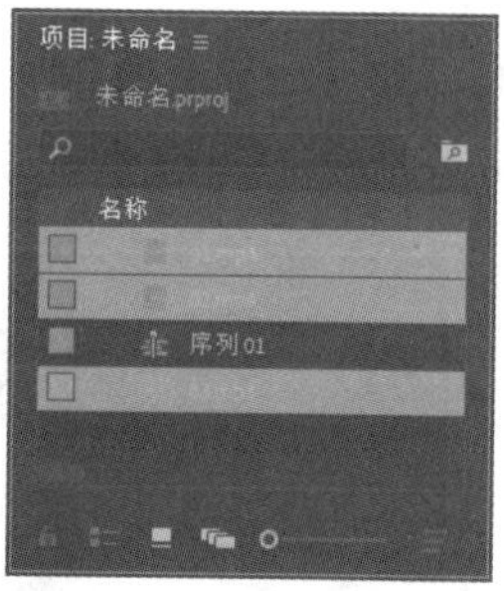

图 6-136

（4）在"项目"面板中，选中"01"文件并将其拖曳到"时间轴"面板中的"V1"轨道中，弹出"剪辑不匹配警告"对话框，单击"保持现有设置"按钮，在保持现有序列设置不变的情况下将文件放置在"V1"轨道中,如图 6-137 所示。

(5)选中"时间轴"面板中的"01"文件。选择"效果控件"面板,展开"运动"选项,将"缩放"选项设置为 164.0,如图 6-138 所示。

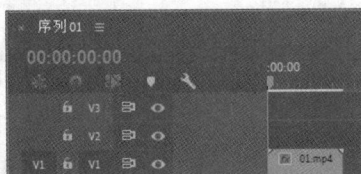

图 6-137

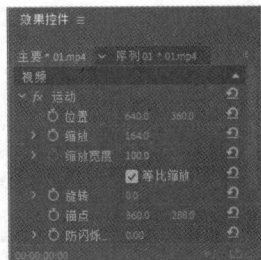

图 6-138

(6)将时间标签放置在 00:00:07:00 的位置。在"项目"面板中,选中"02"文件,将其拖曳到"时间轴"面板中的"V1"轨道中,如图 6-139 所示。

(7)选中"时间轴"面板中的"02"文件。在"效果控件"面板中,展开"运动"选项,将"缩放"选项设置为 164.0,如图 6-140 所示。

图 6-139

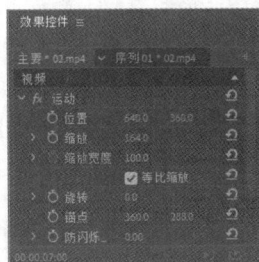

图 6-140

(8)选择"工具"面板中的"文字"工具 **T**,在"节目监视器"窗口中单击并输入文字,如图 6-141 所示。在"时间轴"面板中的"V2"轨道中生成图形文件。选中"时间轴"面板中生成的图形文件。在"效果控件"面板中,展开"文本(黄)"选项,设置字体和文字大小,在"外观"栏中将"填充"选项设置为白色,如图 6-142 所示。

图 6-141

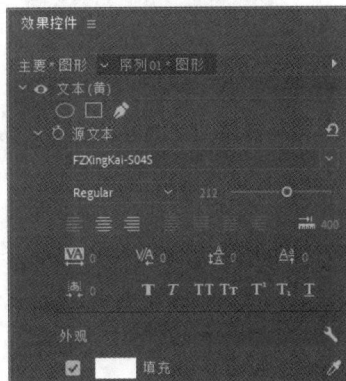

图 6-142

（9）"节目监视器"窗口中的效果如图 6-143 所示。选择"工具"面板中的"文字"工具 **T**，在"节目监视器"窗口中单击并输入文字，在"效果控件"面板中设置字体、文字大小和填充颜色，效果如图 6-144 所示。

图 6-143

图 6-144

（10）选择"效果"面板，展开"视频效果"分类选项，单击"过时"文件夹前面的右尖括号按钮 ▶ 将其展开，选择"自动颜色"效果，如图 6-145 所示。将"自动颜色"效果分别拖曳到"时间轴"面板中的"01"和"02"文件上。

（11）在"效果"面板中，展开"预设"分类选项，单击"模糊"文件夹前面的右尖括号按钮 ▶ 将其展开，选中"快速模糊出点"效果，如图 6-146 所示。将"快速模糊出点"效果拖曳到"时间轴"面板中的图形文件上。

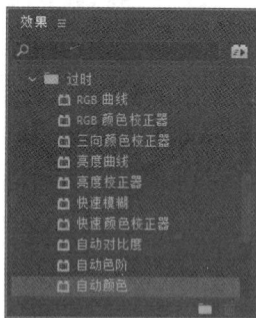

图 6-145

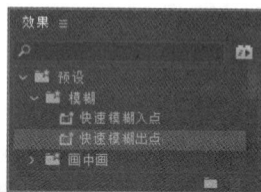

图 6-146

（12）在"效果"面板中，单击"透视"文件夹前面的右尖括号按钮 ▶ 将其展开，选中"投影"效果，如图 6-147 所示。将"投影"效果拖曳到"时间轴"面板中的图形文件上。

（13）在"效果"面板中，展开"视频过渡"分类选项，单击"溶解"文件夹前面的右尖括号按钮 ▶ 将其展开，选中"交叉溶解"效果，如图 6-148 所示。将"交叉溶解"效果拖曳到"时间轴"面板中的"01""02"文件之间，如图 6-149 所示。

（14）双击"项目"面板中的"03"文件，在"源监视器"窗口中打开"03"文件。将时间标签放置在 00:00:03:07 的位置。按 I 键，标记入点，如图 6-150 所示。将时间标签放置在 00:00:18:06 的位置。按 O 键，标记出点，如图 6-151 所示。

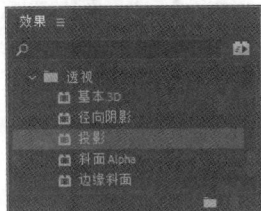

图 6-147

图 6-148

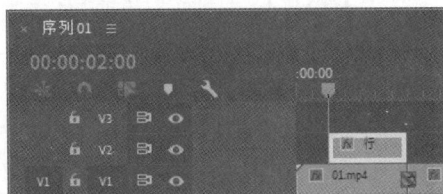

图 6-149

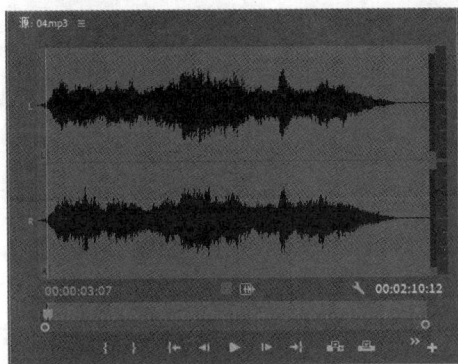

图 6-150

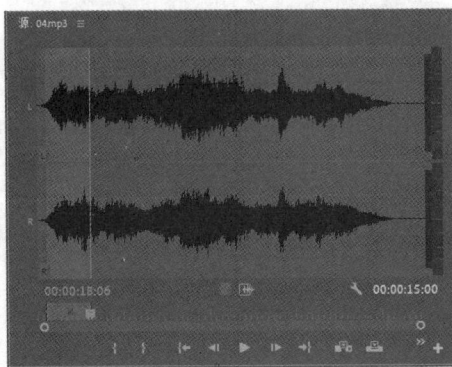

图 6-151

（15）选中"源监视器"窗口中的"03"文件并将其拖曳到"时间轴"面板中的"A1"轨道中，如图 6-152 所示。

（16）在"效果"面板中，展开"音频效果"分类选项，选择"立体声扩展器"效果，如图 6-153 所示。将"立体声扩展器"效果拖曳到"时间轴"面板"A1"轨道中的"03"文件上。

图 6-152

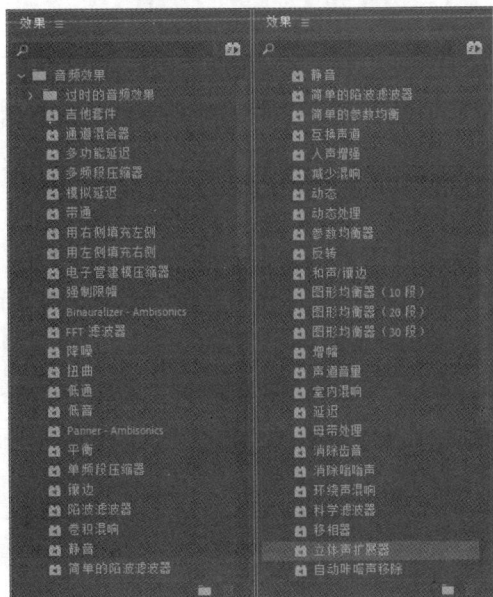

图 6-153

（17）在"效果"面板中，选中"高音"效果，如图 6-154 所示。将"高音"效果拖曳到"时间轴"面板"A1"轨道中的"03"文件上。选择"效果控件"面板，展开"高音"效果，将"提升"选项设置为 20.0dB，如图 6-155 所示。壮丽黄河节目片头制作完成。

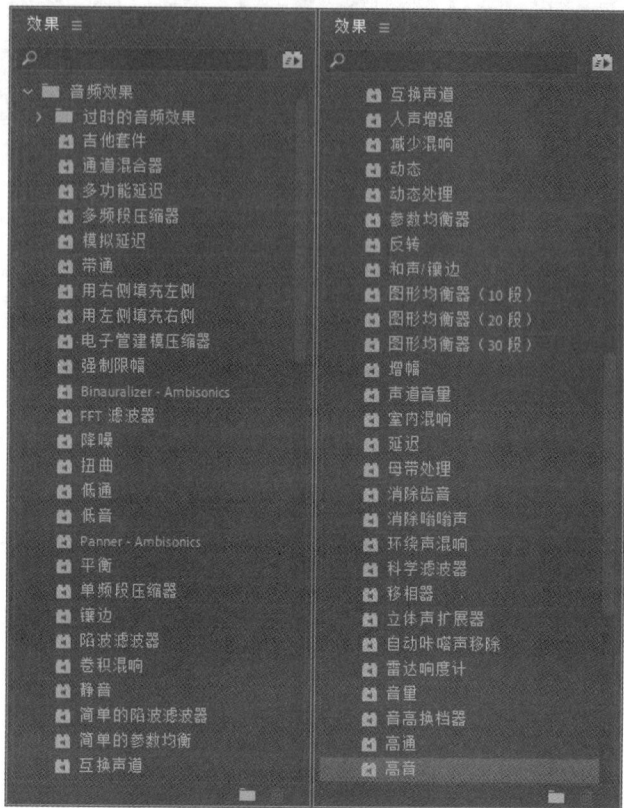

图 6-154

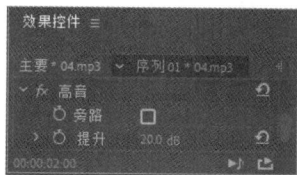

图 6-155

任务四 课后实战演练

6.4.1 制作霞浦旅游节目片头

【练习知识要点】

使用"导入"命令导入素材文件，使用"旧版标题"命令和"字幕"编辑面板添加文字，使用"旧版标题属性"面板编辑字幕，使用"自动颜色"效果和"快速颜色校正器"效果调整素材颜色，使用"粗糙边缘"效果和"效果控件"面板制作消散文字，最终效果如图 6-156 所示。

图 6-156

【案例所在位置】

云盘中的"项目六/制作霞浦旅游节目片头/制作霞浦旅游节目片头.prproj"。

6.4.2 制作京城故事节目片头

【练习知识要点】

使用"导入"命令导入素材文件，使用"文字"工具添加文字，使用"基本图形"面板编辑文本，使用"快速颜色校正器"效果调整素材颜色，使用"高斯模糊"效果和"效果控件"面板制作模糊文字，最终效果如图 6-157 所示。

图 6-157

【案例所在位置】

云盘中的"项目六/制作京城故事节目片头/制作京城故事节目片头.prproj"。

07 项目七
制作节目包装

节目包装旨在确立节目的品牌形象，将包装形式与节目有机融合，在突出节目特点的同时，增强观众对节目的识别能力。本项目通过对 Premiere Pro 2020 中调节音频和添加音频效果的讲解，帮助读者掌握在制作节目包装的过程中添加音频的技巧；以多类主题的节目包装为例，讲解节目包装的构思方法和制作技巧。读者通过学习可以设计并制作出赏心悦目、精美独特的节目包装。

知识目标

- ✔ 熟练掌握音频的调节方法。
- ✔ 掌握音频效果的添加技巧。
- ✔ 掌握节目包装的构思方法和制作技巧。

技能目标

- ✔ 掌握使用"时间轴"面板调节音频的方法。
- ✔ 掌握使用"音轨混合器"面板调节音频的方法。
- ✔ 掌握节目包装实战案例中音频调节的步骤。

素养目标

- ✔ 提高实战应用能力。
- ✔ 提高利用音频创作进行创意和情感表达的能力。
- ✔ 提高对不同类型音频作品的鉴赏能力。

任务一　调节音频

在 Premiere Pro 2020 中，音频的调节对象分为"剪辑"和"轨道"。对剪辑进行调节时，音频的改变仅对当前选中的音频剪辑素材有效，删除剪辑素材后，调节效果就消失了；而轨道调节针对当前的音频轨道进行调节，当前音频轨道上所有的音频素材都会在调节范围内受到影响。使用实时记录功能的时候，只能针对音频轨道进行调节。

在音频轨道左侧单击 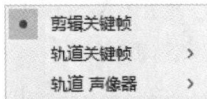 按钮，在弹出的列表中可以选择音频轨道的调节对象，如图 7-1 所示。

图 7-1

7.1.1　使用"时间轴"面板调节音频

（1）在默认情况下，音频轨道面板卷展栏是关闭状态，如图 7-2 所示。双击轨道左侧的空白处以展开轨道，如图 7-3 所示。

图 7-2

图 7-3

（2）选择"钢笔"工具 ✎ 或"选择"工具 ▶，上下拖曳音频素材（或轨道）上的白线即可调整音量，如图 7-4 所示。

（3）按住 Ctrl 键的同时，将鼠标指针移动到音频淡化器上，指针将变为带有加号的箭头，单击即可添加关键帧，如图 7-5 所示。

图 7-4

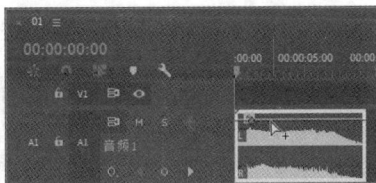

图 7-5

（4）根据需要添加多个关键帧。在关键帧插入点上单击并按住鼠标上下左右拖曳进行调整，关键帧之间直线的作用是指示音频素材是淡入或者淡出：一条递增的直线表示音频淡入，另一条递减的直线表示音频淡出，如图 7-6 所示。

图 7-6

7.1.2 使用"音轨混合器"面板调节音频

使用 Premiere Pro 2020 的"音轨混合器"面板可以非常方便地调节音量，用户可以在播放音频时实时进行音量调节。

使用"音轨混合器"面板调节音频的方法如下。

（1）在"时间轴"面板中轨道控制面板中单击█按钮，在弹出的列表中选择"轨道关键帧 ＞ 音量"选项。

（2）在"音轨混合器"面板上方需要调节的轨道上单击"读取"选项弹出下拉列表，选择"写入"选项，如图 7-7 所示。

（3）单击█按钮，"时间轴"面板中的音频素材开始播放。在"音轨混合器"面板中拖曳音量控制滑杆进行调节，调节完成后，系统自动记录结果，如图 7-8 所示。

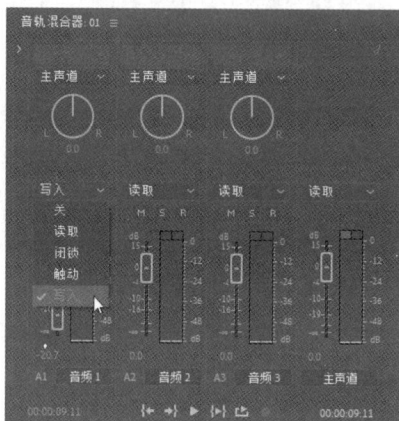

图 7-7

图 7-8

任务二　　添加音频效果

Premiere Pro 2020 提供了数十种音频效果，可以通过这些效果制作回声、合声效果及去除噪声等，还可以使用扩展的插件添加更多的音频效果。

7.2.1 为素材添加音频效果

音频素材效果的添加方法与视频素材效果的添加方法类似，这里不再赘述。在"效果"面板中展开"音频效果"分类选项，选择音频效果后将其添加至音频素材上，然后进行设置即可。音频效果的部分类型如图 7-9 所示。展开"音频过渡"分类选项音频过渡效果共有 3 种，如图 7-10 所示。

图 7-9

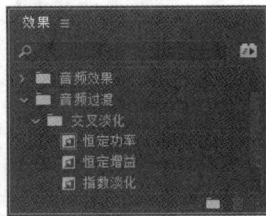

图 7-10

7.2.2 实训项目：调整动物世界节目包装的音频

【案例知识要点】

使用"缩放"选项缩放素材，使用"色阶"命令调整图像亮度，使用"轨道关键帧"选项制作音频的淡出与淡入效果，使用"低通"命令制作音频低音效果，最终效果如图 7-11 所示。

图 7-11

微课：调整动物世界
节目包装的音频

【案例操作步骤】

（1）启动 Premiere Pro 2020，选择"文件>新建>项目"命令，弹出"新建项目"对话框，如

图 7-12 所示，单击"确定"按钮，新建项目。选择"文件>新建>序列"命令，弹出"新建序列"对话框，单击"设置"选项卡，设置如图 7-13 所示，单击"确定"按钮，新建序列。

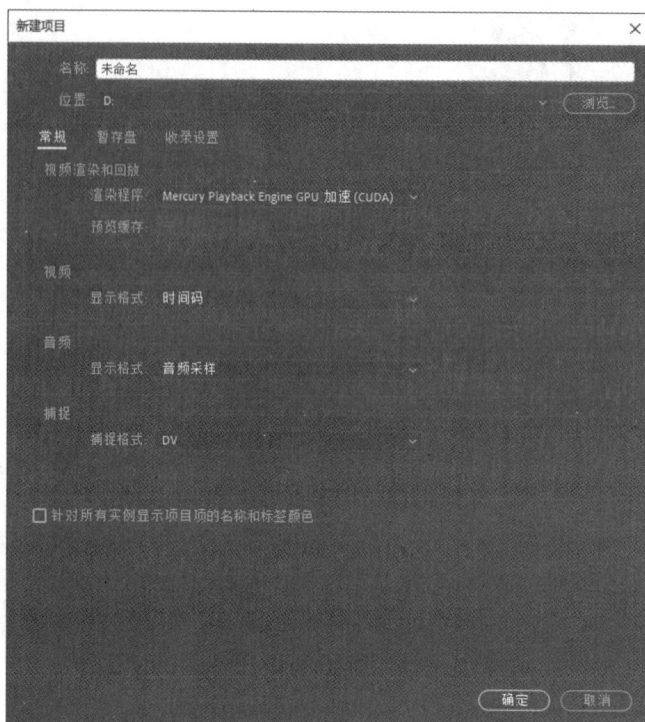

图 7-12

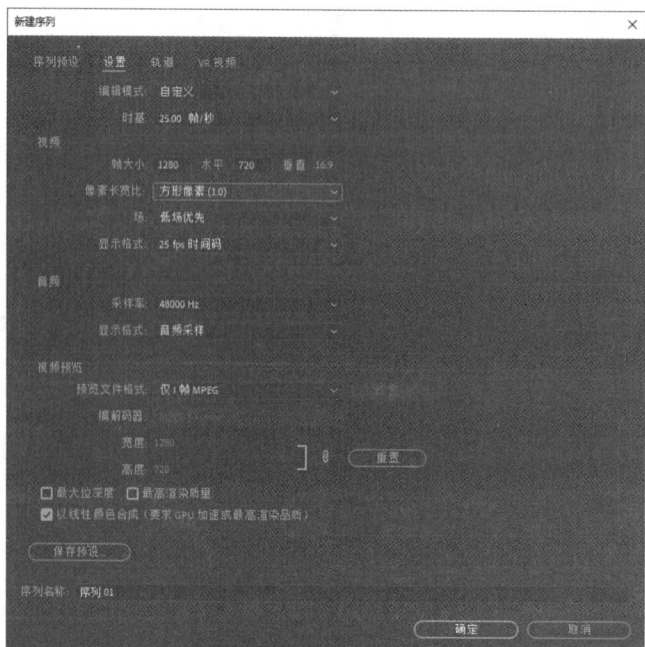

图 7-13

（2）选择"文件>导入"命令，弹出"导入"对话框，选择本书云盘中的"项目七/调整动物世界节目包装的音频效果/素材/01 和 02"文件，如图 7-14 所示，单击"打开"按钮，将素材文件导入到"项目"面板中，如图 7-15 所示。

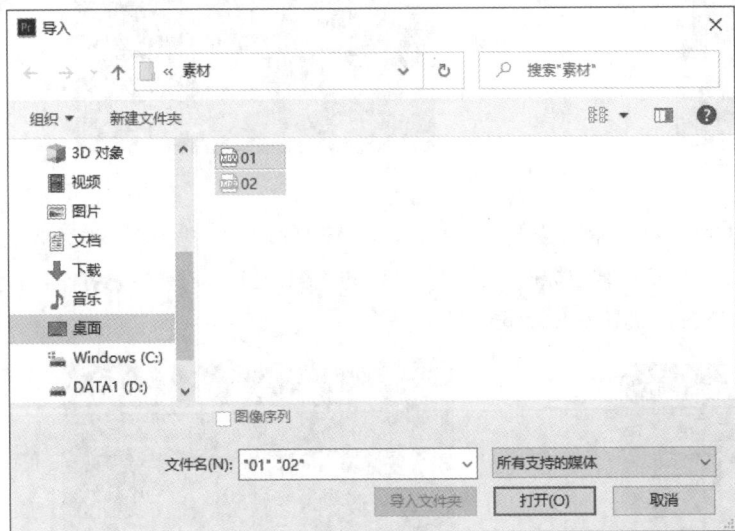

图 7-14

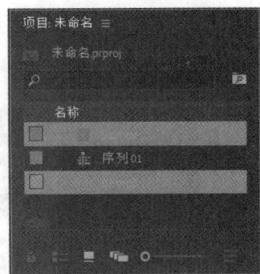

图 7-15

（3）在"项目"面板中，选中"01"文件并将其拖曳到"时间轴"面板中的"V1"轨道中，弹出"剪辑不匹配警告"对话框，单击"保持现有设置"按钮，在保持现有序列设置不变的情况下将"01"文件放置在"V1"轨道中，如图 7-16 所示。选中"时间轴"面板中的"01"文件。选择"效果控件"面板，展开"运动"选项，将"位置"选项设置为 640.0 和 438.0，"缩放"选项设置为163.0，如图 7-17 所示。

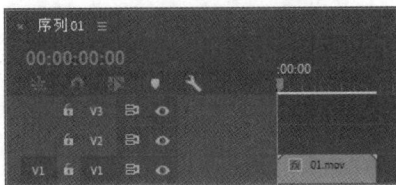

图 7-16

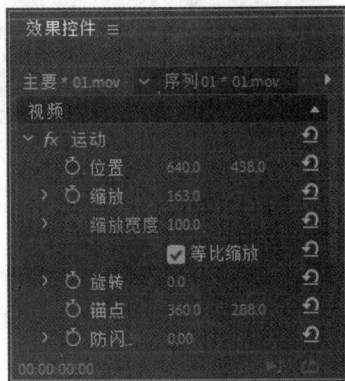

图 7-17

（4）选择"效果"面板，展开"视频效果"分类选项，单击"调整"文件夹前面的右尖括号按钮▶将其展开，选中"色阶"效果，如图 7-18 所示，将其拖曳到"时间轴"面板中的"01"文件上。在"效果控件"面板中，展开"色阶"效果，将"(RGB)输入黑色阶"选项设置为 50，"(RGB)输入白色阶"选项设置为 196，其他设置如图 7-19 所示。

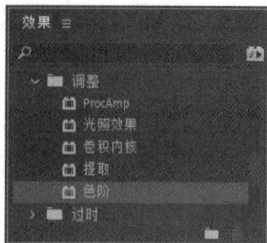

图 7-18

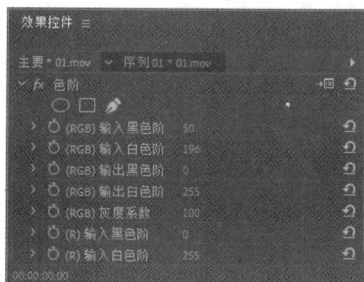

图 7-19

（5）在"项目"面板中选中"02"文件，将其拖曳到"时间轴"面板中的"A1"轨道中，如图 7-20 所示。在"A1"轨道上选中"02"文件，将鼠标放在"02"文件的尾部，当鼠标指针呈■状时，将其向左拖曳到"01"文件的结束位置，如图 7-21 所示。

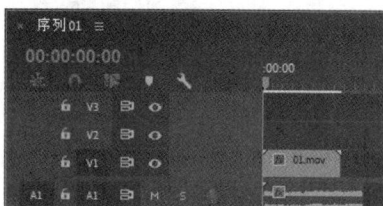

图 7-20

图 7-21

（6）在"时间轴"面板中选中"02"文件。按住 Alt 键的同时，将"02"文件拖曳到"A2"轨道进行复制，如图 7-22 所示。在"A2"轨道上复制的"02"文件上单击鼠标右键，在弹出的菜单中选择"重命名"命令，弹出"重命名剪辑"对话框，"剪辑名称"设置如图 7-23 所示，单击"确定"按钮。

图 7-22

图 7-23

（7）双击"02"文件左侧空白处，展开"A1"轨道，单击轨道左侧的"显示关键帧"按钮，在弹出的列表中选择"轨道关键帧/音量"选项，如图 7-24 所示。单击"02"文件左侧的"添加-移除关键帧"按钮，添加第 1 个关键帧，在"时间轴"面板中将"02"文件中的关键帧移至轨道音量最低处，如图 7-25 所示。

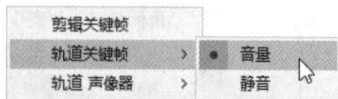

图 7-24

图 7-25

（8）将时间标签放置在 00:00:01:24 的位置。单击"A1"轨道中的"02"文件左侧的"添加-移除关键帧"按钮 ◇，添加第 2 个关键帧。拖曳"02"文件中的关键帧移至轨道音量最高处，如图 7-26 所示。将时间标签放置在 00:00:05:24 的位置。单击"A1"轨道中的"02"文件前面的"添加-移除关键帧"按钮 ◇，添加第 3 个关键帧，如图 7-27 所示。

图 7-26

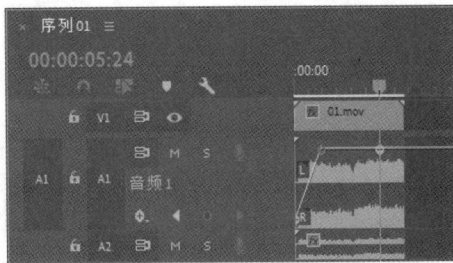
图 7-27

（9）将时间标签放置在 00:00:07:13 的位置。单击"A1"轨道中的"02"文件左侧的"添加-移除关键帧"按钮 ◇，添加第 4 个关键帧，将"02"文件中的关键帧移至最低层，如图 7-28 所示。

图 7-28

（10）选择"效果"面板，展开"音频效果"分类选项下的"过时的音频效果"选项，选中"低通"效果，如图 7-29 所示。将"低通"效果拖曳到"时间轴"面板"A2"轨道中的"低音效果"文件上。在"效果控件"面板中，展开"低通"效果选项，将"屏蔽度"选项设置为 400.0Hz，如图 7-30 所示。

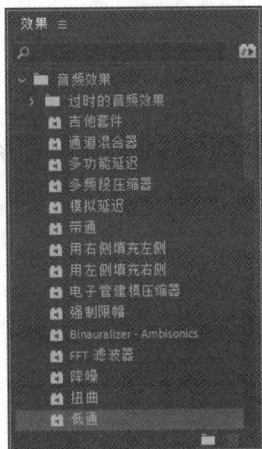
图 7-29

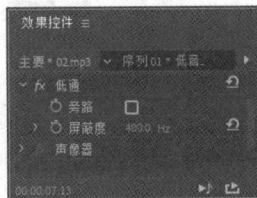
图 7-30

（11）选择"剪辑>音频选项>音频增益"命令，弹出"音频增益"对话框，设置如图 7-31 所示，单击"确定"按钮。选择"音轨混合器"面板，播放最终音频效果时会看到"A2"轨道的电平显示，如图 7-32 所示。动物世界节目包装的音频调整完成。

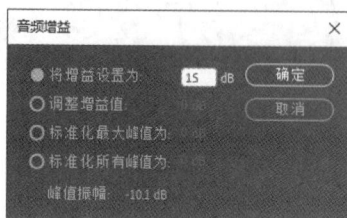

图 7-31

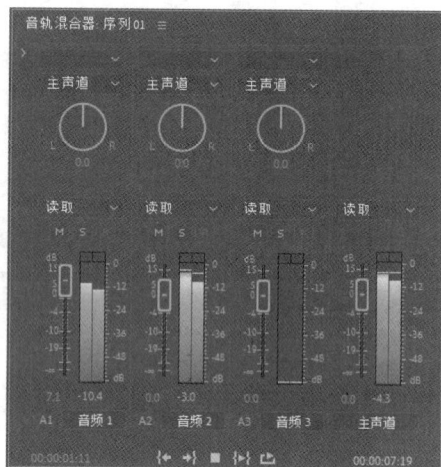

图 7-32

任务三　综合实训项目

7.3.1　制作美食节目包装

【案例知识要点】

使用"导入"命令导入素材文件，使用剪辑点调整素材文件，使用"速度/持续时间"命令调整视频速度，使用"效果"面板添加视频效果和视频过渡效果，使用"文字"工具和"基本图形"面板添加介绍文字和图形，最终效果如图 7-33 所示。

微课：制作美食
节目包装

图 7-33

【案例操作步骤】

1. 新建项目并导入素材

（1）启动 Premiere Pro 2020，选择"文件>新建>项目"命令，弹出"新建项目"对话框，如图 7-34 所示，单击"确定"按钮，新建项目。

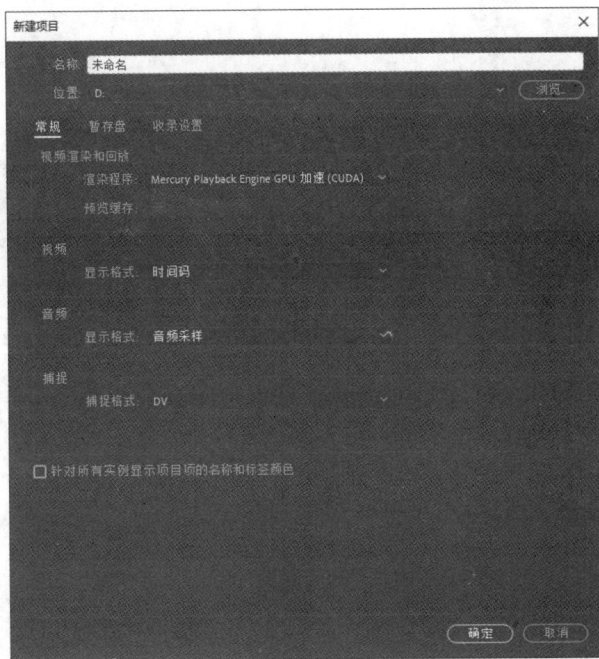

图 7-34

（2）选择"文件>导入"命令，弹出"导入"对话框，选择本书云盘中的"项目七/制作美食节目包装/素材/01~13"文件，如图 7-35 所示。单击"打开"按钮，将素材文件导入到"项目"面板中，如图 7-36 所示。将"项目"面板中的"02"文件拖曳到"时间轴"面板中，生成"02"序列，同时"02"文件被放置到"V1"轨道中，如图 7-37 所示。

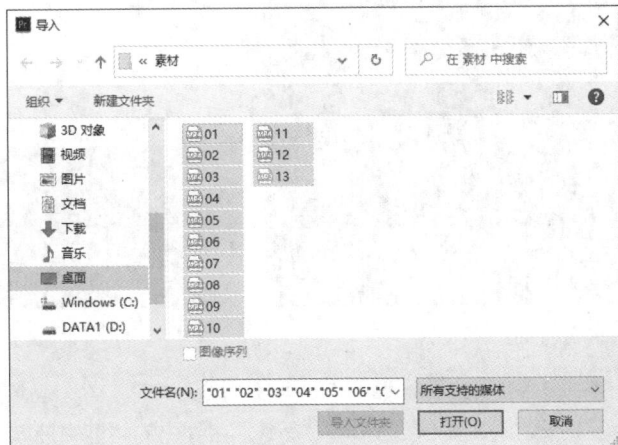

图 7-35

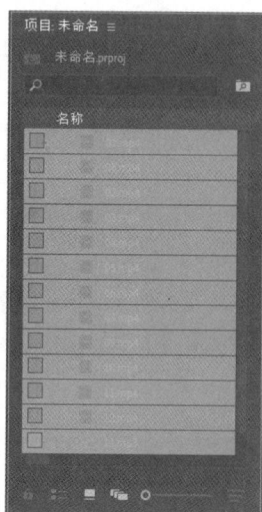
图 7-36

图 7-37

（3）在"项目"面板中的"02"序列上单击鼠标右键，在弹出的菜单中选择"序列设置"命令，在弹出的"序列设置"对话框中进行设置，如图 7-38 所示。单击"确定"按钮，"时间轴"面板如图 7-39 所示。

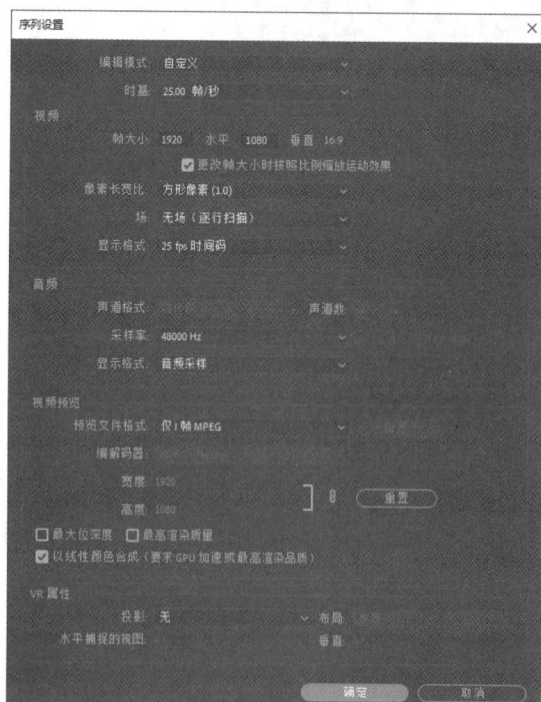
图 7-38

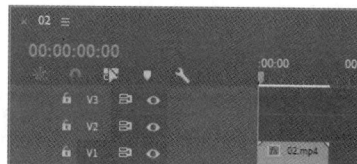
图 7-39

（4）将"项目"面板中的"01"文件拖曳到"时间轴"面板中的"V1"轨道中，如图 7-40 所示。选中"01"文件，选择"剪辑 > 速度/持续时间"命令，在弹出的"剪辑速度/持续时间"对话框中进行设置，如图 7-41 所示，单击"确定"按钮，"01"文件的播放速度调整完成。

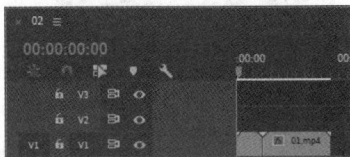

图 7-40

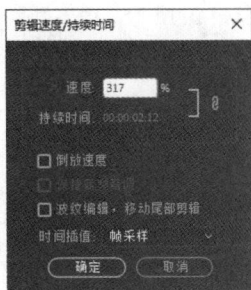

图 7-41

（5）将时间标签放置在 00:00:03:11 的位置。将鼠标指针放在"01"文件的开始位置，当鼠标指针呈 状时，将其向右拖曳到 00:00:03:11 的位置，如图 7-42 所示。向左拖曳"01"文件到"02"文件的结束位置，如图 7-43 所示。

图 7-42

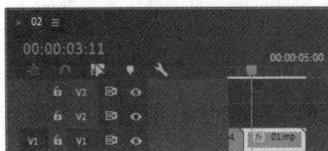

图 7-43

（6）将"项目"面板中的"03"文件拖曳到"时间轴"面板中的"V1"轨道中，如图 7-44 所示。将时间标签放置在 00:00:07:14 的位置。将鼠标指针放在"03"文件的结束位置，当鼠标指针呈 状时，将其向左拖曳到 00:00:07:14 位置，如图 7-45 所示。

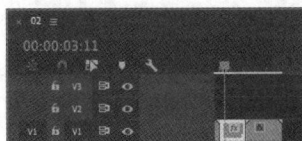

图 7-44

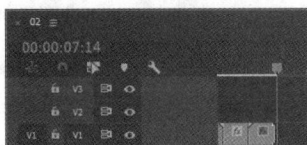

图 7-45

（7）将"项目"面板中的"04"文件拖曳到"时间轴"面板中的"V1"轨道中，如图 7-46 所示。选中"04"文件。选择"剪辑>速度/持续时间"命令，在弹出的"剪辑速度/持续时间"对话框中进行设置，如图 7-47 所示，单击"确定"按钮，"04"文件播放速度调整完成。

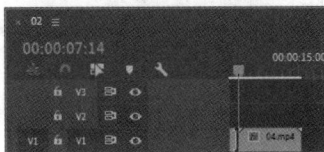

图 7-46

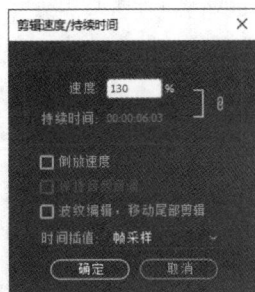

图 7-47

（8）将"项目"面板中的"05"文件拖曳到"时间轴"面板中的"V1"轨道中，如图 7-48 所示。选中"05"文件。选择"剪辑>速度/持续时间"命令，在弹出的"剪辑速度/持续时间"对话框中进行设置，如图 7-49 所示，单击"确定"按钮，"05"文件的播放速度调整完成。

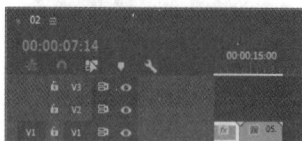

图 7-48

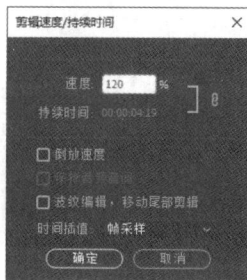

图 7-49

（9）将"项目"面板中的"06"文件拖曳到"时间轴"面板中的"V1"轨道中，如图 7-50 所示。将时间标签放置在 00:00:21:06 的位置。将鼠标指针放在"06"文件的结束位置，当鼠标指针呈◀状时，将其向左拖曳到 00:00:21:06 的位置，如图 7-51 所示。

图 7-50

图 7-51

（10）将"项目"面板中的"07"文件拖曳到"时间轴"面板中的"V1"轨道中，如图 7-52 所示。将时间标签放置在 00:00:25:08 的位置，将鼠标指针放在"07"文件结束位置，当鼠标指针呈◀状时，将其向左拖曳到 00:00:25:08 位置，如图 7-53 所示。

图 7-52

图 7-53

（11）将"项目"面板中的"08"文件拖曳到"时间轴"面板中的"V1"轨道中，如图 7-54 所示。选中"08"文件，选择"剪辑>速度/持续时间"命令，在弹出的"剪辑速度/持续时间"对话框中进行设置，如图 7-55 所示，单击"确定"按钮，"08"文件的播放速度调整完成。

图 7-54

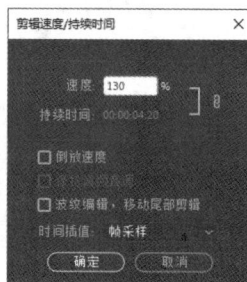

图 7-55

（12）将"项目"面板中的"09"文件拖曳到"时间轴"面板中的"V1"轨道中，如图 7-56 所示。选中"09"文件，选择"剪辑>速度/持续时间"命令，在弹出的"剪辑速度/持续时间"对话框中进行设置，如图 7-57 所示，单击"确定"按钮，"09"文件的播放速度调整完成。

（13）将时间标签放置在 00:00:39:17 的位置。将鼠标指针放在"09"文件结束位置，当鼠标指针呈◀状时，将其向左拖曳到 00:00:39:17 的位置，如图 7-58 所示。

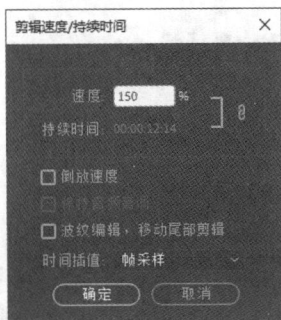

图 7-56　　　　　　　　　　　图 7-57　　　　　　　　　　　图 7-58

（14）双击"项目"面板中的"10"文件，在"源监视器"窗口中打开"10"文件。将时间标签放置在 00:00:04:06 的位置。按 I 键，标记入点，如图 7-59 所示。选中"源监视器"窗口中的"10"文件并将其拖曳到"时间轴"面板中的"V1"轨道中，如图 7-60 所示。

图 7-59　　　　　　　　　　　　　　　　图 7-60

（15）将"项目"面板中的"11"文件拖曳到"时间轴"面板中的"V1"轨道中，如图 7-61 所示。将时间标签放置在 00:00:47:19 的位置。将鼠标指针放在"07"文件结束位置，当鼠标指针呈◀状时，将其向左拖曳到 00:00:47:19 的位置，如图 7-62 所示。

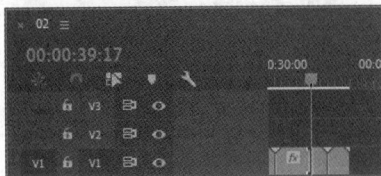

图 7-61　　　　　　　　　　　　　　　图 7-62

（16）双击"项目"面板中的"12"文件，在"源监视器"窗口中打开"12"文件。将时间标签放置在 00:00:01:17 的位置。按 I 键，标记入点。将时间标签放置在 00:00:04:29 的位置。按 O 键，标记出点，如图 7-63 所示。选中"源监视器"窗口中的"12"文件并将其拖曳到"时间轴"面板中的"V1"轨道中，如图 7-64 所示。

图 7-63

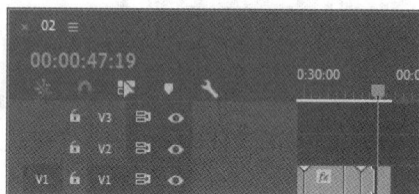

图 7-64

2. 添加视频效果和视频过渡效果

（1）将时间标签放置在 00:00:00:00 的位置。选择"效果"面板，展开"视频效果"分类选项，单击"调整"文件夹前面的右尖括号按钮▶将其展开，选中"色阶"效果，如图 7-65 所示。将"色阶"效果拖曳到"时间轴"面板"V1"轨道中的"02"文件上。选择"效果控件"面板，展开"色阶"选项，设置如图 7-66 所示。

（2）将时间标签放置在 00:00:13:17 的位置。在"效果"面板中，展开"视频过渡"效果分类选项，单击"溶解"文件夹前面的右尖括号按钮▶将其展开，选中"交叉溶解"效果，如图 7-67 所示。将"交叉溶解"效果拖曳到"时间轴"面板中的"04""05"文件之间，如图 7-68 所示。

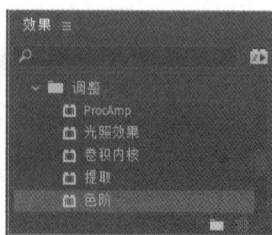

图 7-65

图 7-66

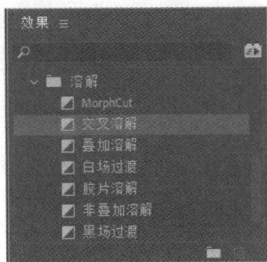

图 7-67

图 7-68

（3）用类似的方法将"带状擦除"效果拖曳到"时间轴"面板中的"05""06"文件之间，将"交叉溶解"效果拖曳到"时间轴"面板中的"07""08"文件之间，如图 7-69 所示。

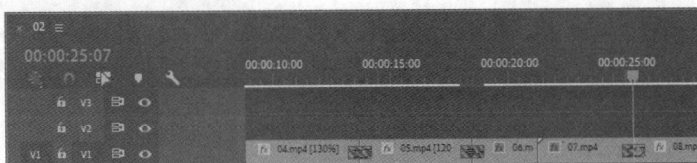

图 7-69

3. 添加介绍文字和图形

（1）将时间标签放置在 00：00：00：13 的位置。选择"基本图形"面板，单击"编辑"选项卡，单击"新建图层"按钮，在弹出的菜单中选择"文本"命令，在"时间轴"面板中的"V2"轨道中生成"新建文本图层"文件，如图 7-70 所示。将时间标签放置在 00：00：02：17 的位置。将鼠标指针放在"新建文本图层"文件的结束位置，当鼠标指针呈 状时，将其向左拖曳到 00：00：02：17 的位置，如图 7-71 所示。

图 7-70

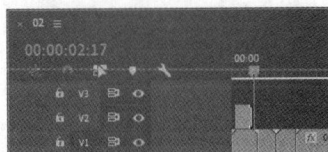

图 7-71

（2）在"节目监视器"窗口中修改文字，如图 7-72 所示。将时间标签放置在 00：00：00：13 的位置。选中"节目监视器"窗口中的文字。在"效果控件"面板展开"文本"栏，设置如图 7-73 和图 7-74 所示，"节目监视器"窗口中的效果如图 7-75 所示。

图 7-72

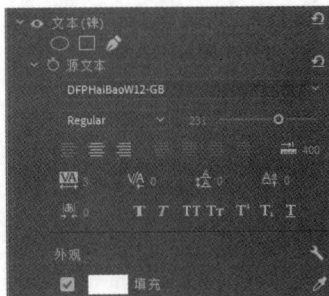

图 7-73

图 7-74

图 7-75

（3）使用类似的方法制作其他文字，"效果控件"面板如图 7-76 所示。"节目监视器"窗口中的效果如图 7-77 所示。

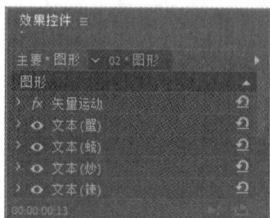

图 7-76

图 7-77

（4）在文字选中的状态下，选择"基本图形"面板，单击"编辑"选项卡，单击"新建图层"按钮■，在弹出的菜单中选择"椭圆"命令，"节目监视器"窗口中的效果如图 7-78 所示。在"效果控件"面板中选择"形状 01"图层，在"外观"栏中将"填充"颜色设置为橙色（226、88、40）。选择"工具"面板中的"选择"工具▶，在"节目监视器"窗口中调整图形大小和位置，效果如图 7-79所示。

图 7-78

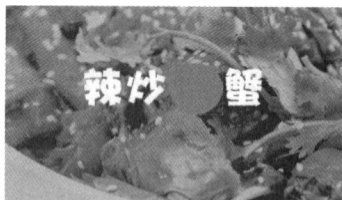

图 7-79

（5）在"效果控件"面板中，拖曳"形状 01"图层至"蟹"图层下方，如图 7-80 所示。"节目监视器"窗口中的效果如图 7-81 所示。使用类似的方法制作其他文字和文字效果，"节目监视器"窗口中的效果如图 7-82 所示。

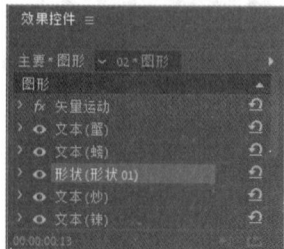

图 7-80

图 7-81

图 7-82

（6）将时间标签放置在 00:00:05:16 的位置。选择"基本图形"面板，单击"编辑"选项卡，单击"新建图层"按钮 █，在弹出的菜单中选择"文本"命令，在"时间轴"面板中的"V2"轨道中生成"新建文本图层"文件，如图 7-83 所示。将时间标签放置在 00:00:06:20 的位置。将鼠标指针放在"新建文本图层"文件的结束位置，当鼠标指针呈 █ 状时，将其向左拖曳到 00:00:06:20 的位置，如图 7-84 所示。

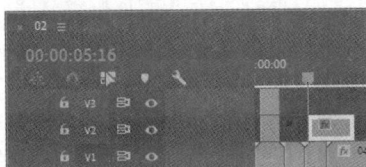

图 7-83

图 7-84

（7）在"节目监视器"窗口中修改文字，输入"准备几只螃蟹"。将时间标签放置在 00:00:05:16 的位置。选中"节目监视器"窗口中的文字，在"效果控件"面板展开"文本"选项，设置如图 7-85 和图 7-86 所示，"节目监视器"窗口中的效果如图 7-87 所示。

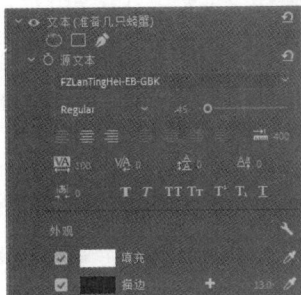

图 7-85

图 7-86

图 7-87

（8）使用类似的方法制作其他文字，制作完成后的"时间轴"面板如图 7-88 所示。

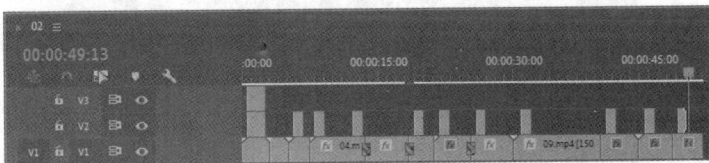

图 7-88

（9）在"项目"面板中，选中"13"文件并将其拖曳到"时间轴"面板中的"A1"轨道中，如图 7-89 所示。将鼠标指针放在"13"文件的结束位置，当鼠标指针呈 █ 状时，将其向左拖曳指针到"12"文件的结束位置，如图 7-90 所示。美食节目包装制作完成。

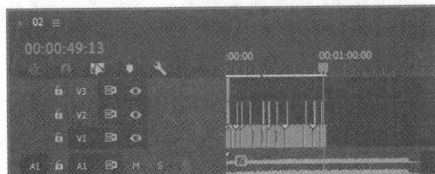

图 7-89

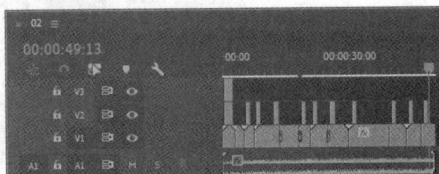

图 7-90

7.3.2　制作京城故事节目包装

【案例知识要点】

使用"导入"命令导入素材文件，使用"标记入点""标记出点"命令调整素材文件，使用"速度/持续时间"命令调整影片速度，使用"效果"面板添加效果，使用"效果控件"面板调整效果并制作素材位置和缩放的动画效果，使用"基本图形"面板添加介绍文字和图形，最终效果如图 7-91 所示。

微课：制作京城
故事节目包装

图 7-91

【案例操作步骤】

1. 添加并调整素材

（1）启动 Premiere Pro 2020，选择"文件>新建>项目"命令，弹出"新建项目"对话框，如图 7-92 所示，单击"确定"按钮，新建项目。选择"文件>新建>序列"命令，弹出"新建序列"对话框，单击"设置"选项卡，设置如图 7-93 所示，单击"确定"按钮，新建序列。

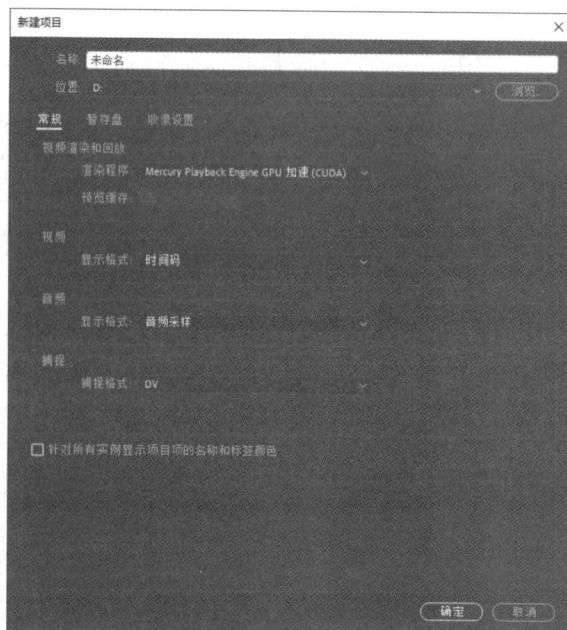

图 7-92

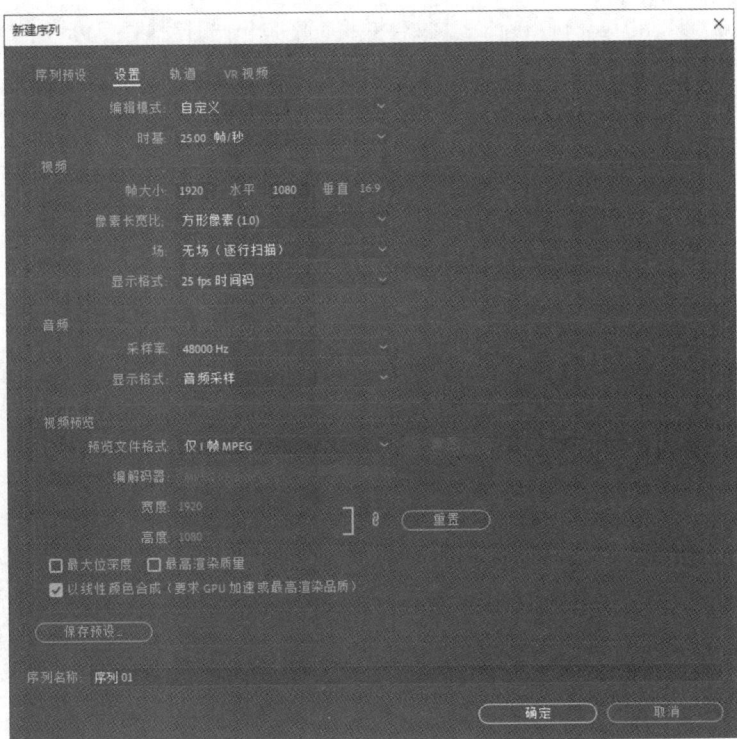

图 7-93

（2）选择"文件>导入"命令，弹出"导入"对话框，选择本书云盘中的"项目七/制作京城故事节目包装/素材/01~10"文件，如图 7-94 所示，单击"打开"按钮，将素材文件导入到"项目"面板中，如图 7-95 所示。

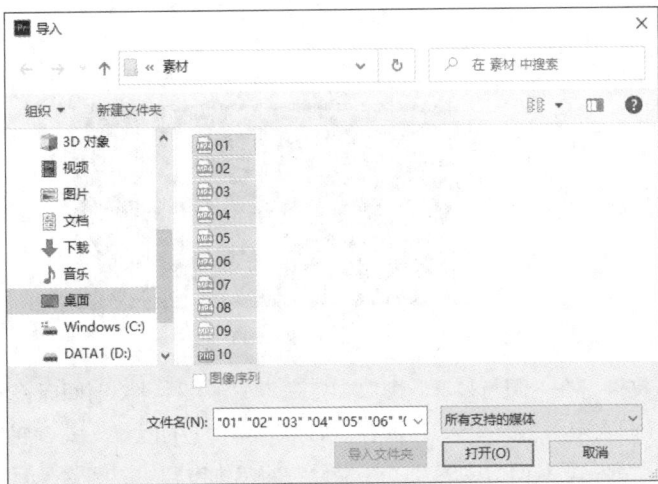

图 7-94

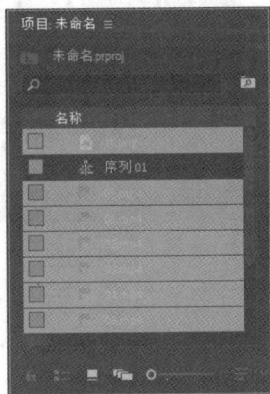

图 7-95

（3）双击"项目"面板中的"01"文件，在"源监视器"窗口中打开"01"文件。将时间标签放置在 00:00:02:15 的位置。按 I 键，标记入点。将时间标签放置在 00:00:04:18 的位置。按 O 键，标记出点，如图 7-96 所示。

（4）选中"源监视器"窗口中的"01"文件并将其拖曳到"时间轴"面板中的"V1"轨道中，弹出"剪辑不匹配警告"对话框，单击"保持现有设置"按钮，在保持现有序列设置不变的情况下将"01"文件放置在"V1"轨道中，如图 7-97 所示。

图 7-96

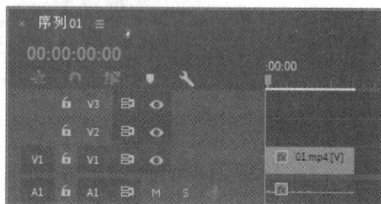

图 7-97

（5）选中"时间轴"面板中的"01"文件。在"01"文件上单击鼠标右键，在弹出的菜单中选择"速度/持续时间"命令，在弹出的"剪辑速度/持续时间"对话框中进行设置，如图 7-98 所示，单击"确定"按钮，效果如图 7-99 所示。

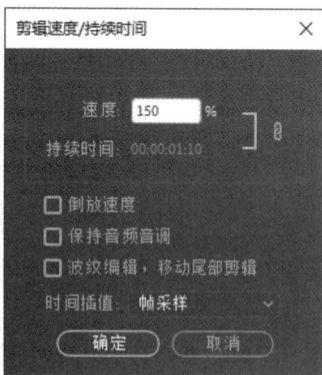

图 7-98

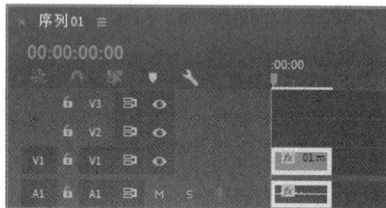

图 7-99

（6）双击"项目"面板中的"02"文件，在"源监视器"窗口中打开"02"文件。将时间标签放置在 00:00:07:00 的位置。按 I 键，标记入点。将时间标签放置在 00:00:08:02 的位置。按 O 键，标记出点，如图 7-100 所示。选中"源监视器"窗口中的"02"文件并将其拖曳到"时间轴"面板中的"V1"轨道中，如图 7-101 所示。

（7）双击"项目"面板中的"03"文件，在"源监视器"窗口中打开"03"文件。将时间标签放置在 00:00:01:12 的位置。按 O 键，标记出点，如图 7-102 所示。选中"源监视器"窗口中的"03"文件并将其拖曳到"时间轴"面板中的"V1"轨道中，如图 7-103 所示。

图 7-100

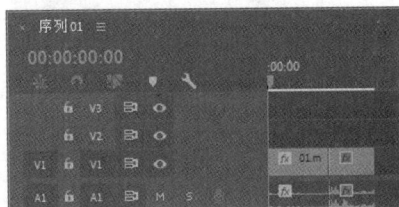
图 7-101

图 7-102

图 7-103

（8）双击"项目"面板中的"04"文件，在"源监视器"窗口中打开"04"文件。将时间标签放置在 00：00：02：19 的位置。按 O 键，标记出点，如图 7-104 所示。选中"源监视器"窗口中的"04"文件并将其拖曳到"时间轴"面板中的"V1"轨道中，如图 7-105 所示。

图 7-104

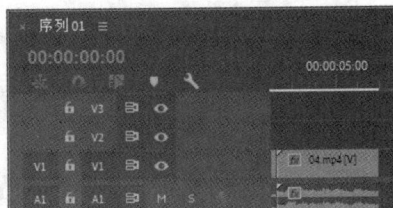
图 7-105

（9）选中"时间轴"面板中的"04"文件。在"04"文件上单击鼠标右键，在弹出的菜单中选择"速度/持续时间"命令，在弹出的"剪辑速度/持续时间"对话框中进行设置，如图 7-106 所示，单击"确定"按钮，效果如图 7-107 所示。

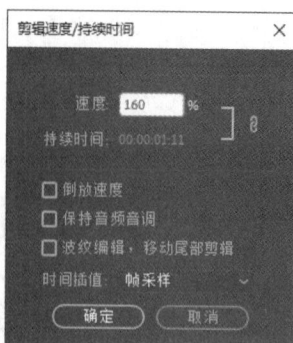

图 7-106

图 7-107

（10）双击"项目"面板中的"05"文件，在"源监视器"窗口中打开"05"文件。将时间标签放置在 00:00:03:02 的位置。按 I 键，标记入点。将时间标签放置在 00:00:04:05 的位置。按 O 键，标记出点，如图 7-108 所示。选中"源监视器"窗口中的"05"文件并将其拖曳到"时间轴"面板中的"V1"轨道中，如图 7-109 所示。

图 7-108

图 7-109

（11）双击"项目"面板中的"06"文件，在"源监视器"窗口中打开"06"文件。将时间标签放置在 00:00:01:18 的位置。按 O 键，标记出点，如图 7-110 所示。选中"源监视器"窗口中的"06"文件并将其拖曳到"时间轴"面板中的"V1"轨道中，如图 7-111 所示。

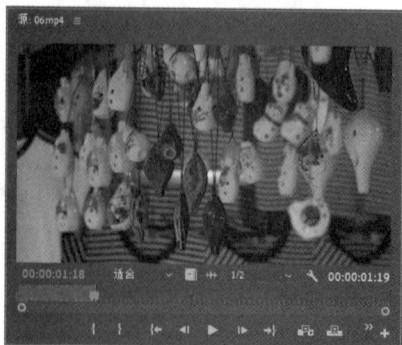

图 7-110

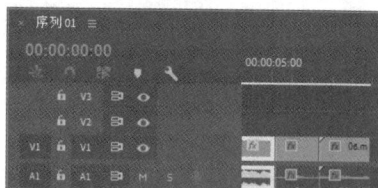

图 7-111

（12）双击"项目"面板中的"07"文件，在"源监视器"窗口中打开"07"文件。将时间标签放置在 00:00:02:14 的位置。按 O 键，标记出点，如图 7-112 所示。选中"源监视器"窗口中的"07"文件并将其拖曳到"时间轴"面板中的"V1"轨道中，如图 7-113 所示。

图 7-112

图 7-113

（13）选中"时间轴"面板中的"07"文件。在"07"文件上单击鼠标右键，在弹出的菜单中选择"速度/持续时间"命令，在弹出的"剪辑速度/持续时间"对话框中进行设置，如图 7-114 所示，单击"确定"按钮，效果如图 7-115 所示。

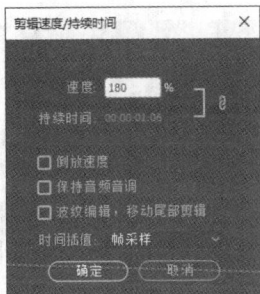

图 7-114

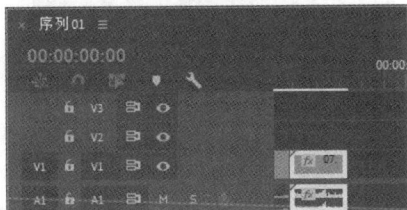

图 7-115

（14）双击"项目"面板中的"08"文件，在"源监视器"窗口中打开"08"文件。将时间标签放置在 00:00:00:22 的位置。按 O 键，标记出点，如图 7-116 所示。选中"源监视器"窗口中的"08"文件并将其拖曳到"时间轴"面板中的"V1"轨道中，如图 7-117 所示。

图 7-116

图 7-117

2. 添加并调整效果

（1）选择"效果"面板，展开"视频效果"分类选项，单击"调整"文件夹前面的右尖括号按钮❯将其展开，选中"色阶"效果，如图 7-118 所示。将"色阶"效果拖曳到"时间轴"面板中的"01"文件上。在"效果控件"面板中，展开"色阶"效果，选项的设置如图 7-119 所示。

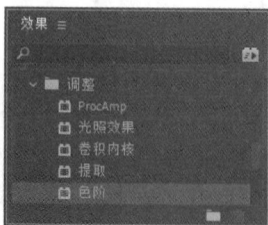

图 7-118

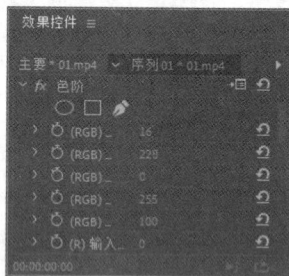

图 7-119

（2）在"效果"面板中，选中"色阶"效果，将"色阶"效果拖曳到"时间轴"面板中的"02"文件上。在"效果控件"面板中，展开"色阶"效果，选项的设置如图 7-120 所示。在"效果"面板中，展开"视频效果"分类选项，单击"过时"文件夹前面的右尖括号按钮❯将其展开，选中"自动色阶"效果，如图 7-121 所示。将"自动色阶"效果拖曳到"时间轴"面板中的"08"文件上。

图 7-120

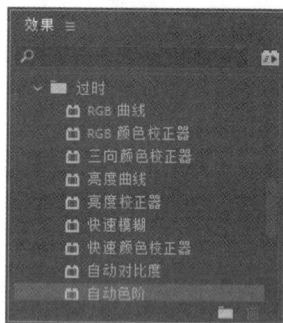

图 7-121

（3）选中"项目"面板。选择"文件>新建>调整图层"命令，弹出对话框，如图 7-122 所示，单击"确定"按钮，将"调整图层"文件添加到"项目"面板，如图 7-123 所示。

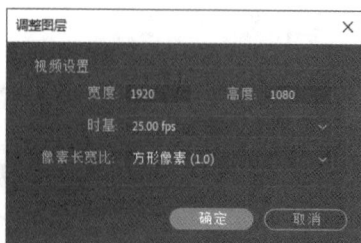

图 7-122

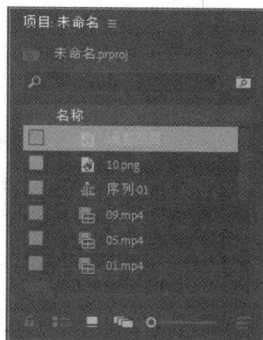

图 7-123

（4）将"项目"面板中的"调整图层"文件拖曳到"时间轴"面板中的"V2"轨道中，如图7-124所示。将鼠标指针放在"调整图层"文件的结束位置，当鼠标指针呈 ↤ 状时，将其向右拖曳到"08"文件的结束位置，如图7-125所示。

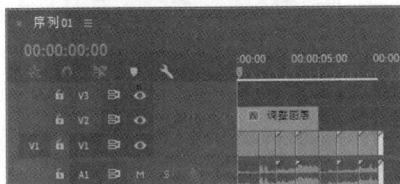

图7-124

图7-125

（5）在"效果"面板中，展开"视频效果"分类选项，单击"颜色校正"文件夹前面的右尖括号按钮 ❯ 将其展开，选中"Lumetri 颜色"效果，如图7-126所示。将"Lumetri 颜色"效果拖曳到"时间轴"面板"V2"轨道中的"调整图层"文件上。在"效果控件"面板中，展开"Lumetri 颜色"选项，设置如图7-127所示。

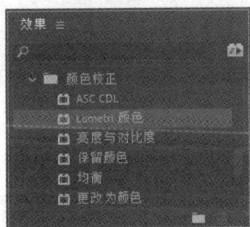

图7-126

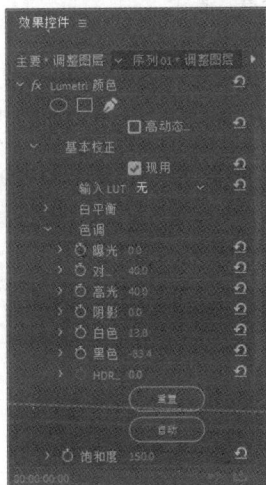

图7-127

（6）选择"剃刀"工具 ◈，在"01""02""07"的结束位置处单击鼠标切割"调整图层"文件，如图7-128所示。

图7-128

（7）选择"选择"工具 ▶，选中切割后的第 2 个"调整图层"文件。在"效果控件"面板中，展开"Lumetri 颜色"选项，设置如图7-129所示。选择"选择"工具 ▶，选中切割后的第 4 个"调整图层"文件。在"效果控件"面板中，展开"Lumetri 颜色"选项，设置如图7-130所示。

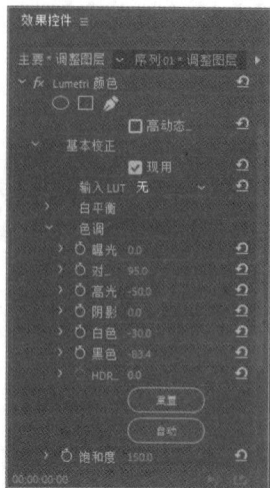

图 7-129

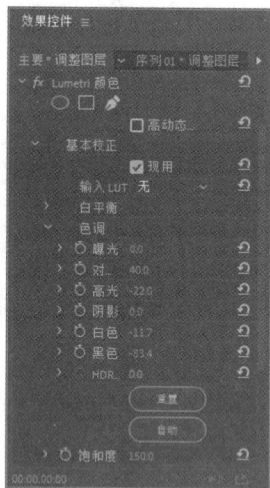

图 7-130

3. 添加并调整宣传文字

（1）将"项目"面板中的"10"文件拖曳到"时间轴"面板中的"V3"轨道中，如图 7-131 所示。将鼠标指针放在"10"文件的结束位置，当鼠标指针呈◀状时，将其向右拖曳到"08"文件的结束位置，如图 7-132 所示。

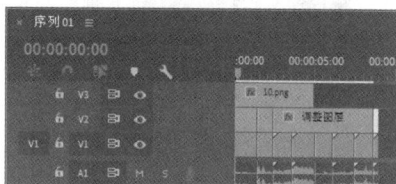

图 7-131

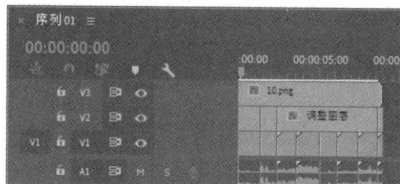

图 7-132

（2）选中"时间轴"面板中的"10"文件。在"效果控件"面板中，展开"运动"选项，将"缩放"选项设置为 0.0，单击"缩放"选项左侧的"切换动画"按钮⏱，记录第 1 个动画关键帧，如图 7-133 所示。将时间标签放置在 00:00:00:10 的位置。将"缩放"选项设置为 120.0，如图 7-134 所示，记录第 2 个动画关键帧。

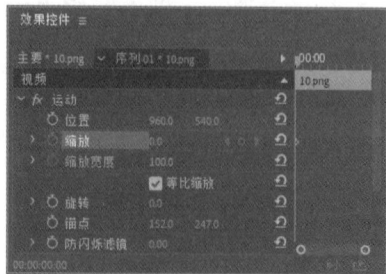

图 7-133

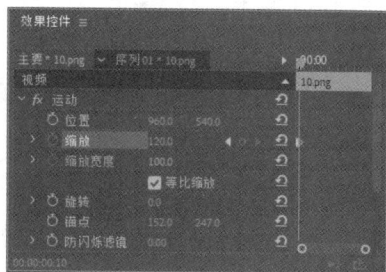

图 7-134

（3）将时间标签放置在 00:00:01:09 的位置。单击"缩放"选项右侧的"添加/移除关键帧"按钮⏺，记录第 3 个动画关键帧。单击"位置"选项左侧的"切换动画"按钮⏱，记录第 1 个动画关键帧，如图 7-135 所示。将时间标签放置在 00:00:01:17 的位置。将"缩放"选项设置为 49.0，记录第 4 个动画关键帧。将"位置"选项设置为1735.0和896.0，如图7-136所示，记录第2个动画关键帧。

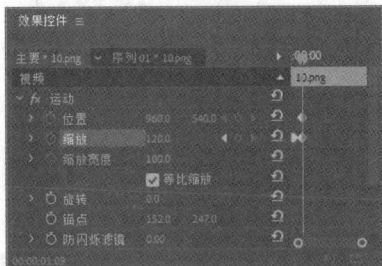

图 7-135

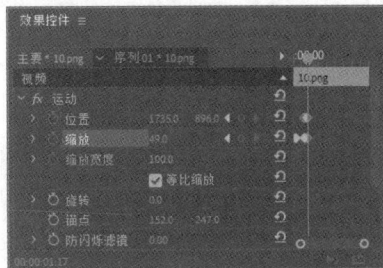

图 7-136

4. 添加其他信息文字

（1）将时间标签放置在 00:00:01:10 的位置。选择"基本图形"面板，单击"编辑"选项卡，单击"新建图层"按钮，在弹出的菜单中选择"矩形"命令，在"时间轴"面板中生成"V4"轨道，并在"V4"轨道中生成"新建文本图层"文件，如图 7-137 所示。在"节目监视器"窗口中调整矩形，如图 7-138 所示。

图 7-137

图 7-138

（2）在"编辑"选项卡的"外观"栏中单击"填充"选项左侧的颜色块，弹出对话框，将"填充选项"设置为"线性渐变"，将下方的两个色标颜色均设置为蓝色（0、74、217），将上方的"不透明度色标"的"不透明度"选项设置为 60%，右侧"不透明度色标"的"不透明度"选项设置为 0%，如图 7-139 所示，单击"确定"按钮，"节目监视器"窗口中的效果如图 7-140 所示。

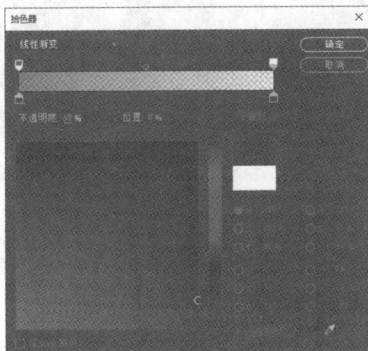

图 7-139

图 7-140

（3）在"节目监视器"窗口中调整渐变填充，如图 7-141 所示。选择"基本图形"面板，单击"新建图层"按钮🗂，在弹出的菜单中选择"文本"命令。在"节目监视器"窗口中修改文字，如图 7-142 所示。

图 7-141

图 7-142

（4）选中"节目监视器"窗口中刚刚修改的文字。在"基本图形"面板的"文本"栏和"外观"栏中对文字进行设置，如图 7-143 和图 7-144 所示，"节目监视器"窗口中的效果如图 7-145 所示。

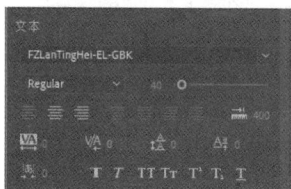

图 7-143

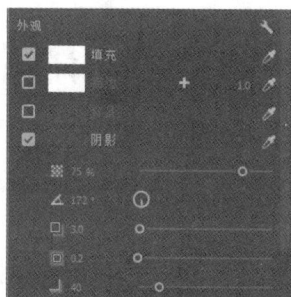

图 7-144

图 7-145

（5）按住 Alt 键的同时，圈选下方的音频文件，如图 7-146 所示。按 Delete 键，删除文件，如图 7-147 所示。

图 7-146

图 7-147

（6）双击"项目"面板中的"09"文件，在"源监视器"窗口中打开"09"文件。将时间标签放置在 00∶00∶11∶02 的位置。按 I 键，标记入点。将时间标签放置在 00∶00∶20∶00 的位置。按 O 键，标记出点，如图 7-148 所示。选中"源监视器"窗口中的"09"文件并将其拖曳到"时间轴"面板中的"A1"轨道中，如图 7-149 所示。京城故事节目包装制作完成。

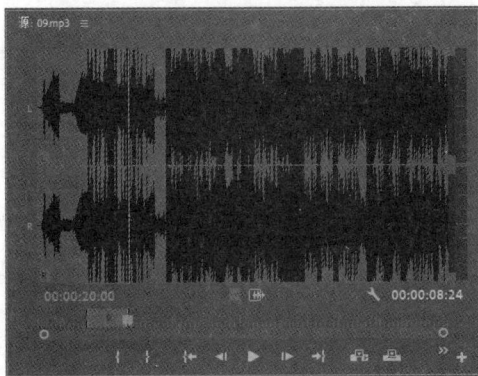

图 7-148

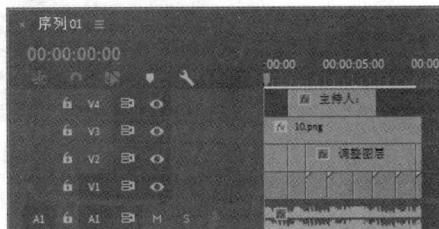

图 7-149

任务四 课后实战演练

7.4.1 制作旅游时刻节目包装

【练习知识要点】

使用"导入"命令导入素材文件，使用"效果控件"面板调整素材的缩放效果并制作动画，使用"颜色平衡"效果、"高斯模糊"效果和"色阶"效果制作素材文件效果，使用"基本图形"面板添加文字和图形，最终效果如图 7-150 所示。

微课：制作旅游
时刻节目包装

图 7-150

【案例所在位置】

云盘中的"项目七/制作旅游时刻节目包装/制作旅游时刻节目包装.prproj"。

7.4.2 制作博物天下节目包装

【练习知识要点】

使用"导入"命令导入素材文件，使用"标记入点""标记出点"命令调整素材文件，使用"速度/持续时间"命令调整影片速度，使用"Lumetri 颜色"效果调整影片颜色，使用"效果控件"面板调整效果并制作素材位置的动画效果，使用"基本图形"面板添加字幕，最终效果如图 7-151 所示。

图 7-151

微课：制作博物
天下节目包装 1

微课：制作博物
天下节目包装 2

【案例所在位置】

云盘中的"项目七/制作博物天下节目包装/制作博物天下节目包装.prproj"。